塑料加工设备与技术**解惑**系列

塑料配混设备
操作与疑难处理
实例解答

杨中文　刘　浩　编著

化学工业出版社
·北京·

塑料配混是塑料材料改性及成型的重要方法与环节。随着塑料共混、填充、增强等改性技术的发展，多种通用和工程塑料的配混技术及配混设备也日益发展，塑料配混过程日趋连续化、密闭化、大型化、高速化和自动化。塑料配混设备类型的选用与操作技术影响物料的混合、混炼的过程及质量，因而最终影响塑料制品的质量。同时，随着塑料混合机理和塑料添加剂选择及其作用机理研究的不断深化，塑料配混技术与设备不断得到壮大与发展。

本书是编著者根据多年的实践和教学、科研经验，以众多企业生产中的具体案例为素材，用问答的形式，主要解答了塑料原料筛析与干燥设备、塑料原料混合设备、混炼设备、高效连续共混改性设备及辅助设备的选用与操作维护等技术方面大量疑难问题与处理。同时，还对塑料配混的基本知识、设备安全使用与维护基本疑难问题进行了详细解答。

本书立足生产实际，侧重实用技术及操作技能，内容力求深浅适度，通俗易懂，结合生产实际，可操作性强。本书主要供塑料加工、塑料配混生产企业一线技术人员和技术工人、技师及管理人员等相关人员学习参考，也可作为企业培训用书。

图书在版编目（CIP）数据

塑料配混设备操作与疑难处理实例解答/杨中文，刘浩编著. —北京：化学工业出版社，2018.8
（塑料加工设备与技术解惑系列）
ISBN 978-7-122-32523-5

Ⅰ. ①塑… Ⅱ. ①杨…②刘… Ⅲ. ①塑料-配混
Ⅳ. ①TQ320.64

中国版本图书馆 CIP 数据核字（2018）第 145315 号

责任编辑：朱　彤　　　　　　　　　文字编辑：李　玥
责任校对：杜杏然　　　　　　　　　装帧设计：刘丽华

出版发行：化学工业出版社（北京市东城区青年湖南街 13 号　邮政编码 100011）
印　　装：三河市延风印装有限公司
787mm×1092mm　1/16　印张 10¾　字数 272 千字　2020 年 4 月北京第 1 版第 1 次印刷

购书咨询：010-64518888　　　　　　售后服务：010-64518899
网　　址：http://www.cip.com.cn
凡购买本书，如有缺损质量问题，本社销售中心负责调换。

定　　价：55.00 元

前言
FOREWORD

随着中国经济的高速发展，塑料作为新型合成材料在国计民生中发挥了重要作用，我国塑料工业的技术水平和生产工艺得到很大程度提高。为了满足塑料制品加工、塑料生产企业更新技术发展和现代化企业生产工人的培训要求，进一步巩固和提升塑料制品、塑料加工企业一线操作人员的理论知识水平与实际操作技能，促进塑料加工行业更好、更快发展，化学工业出版社组织编写了这套"塑料加工设备与技术解惑系列"图书。

本套丛书立足生产实际，侧重实用技术及操作技能，内容力求深浅适度，通俗易懂，结合生产实际，可操作性强，可供塑料制品加工、塑料生产企业一线技术人员和技术工人及相关人员学习参考，也可作为企业培训教材。

本分册《塑料配混设备操作与疑难处理实例解答》是该丛书分册之一。塑料配混是塑料材料改性及成型的重要环节，塑料配混设备类型的选用与操作技术影响物料的混合、混炼的过程及质量，并最终影响塑料制品的质量。随着塑料共混、填充、增强等改性技术的发展，多种通用和工程塑料的配混技术及配混设备也日益发展。近年来，塑料配混技术的发展致力于提高生产效率，改进配混料质量，减少劳动消耗，方便操作以及保障生产安全和环境卫生等目标。塑料配混过程日趋连续化、密闭化、大型化、高速化和自动化。此外，随着塑料混合机理和塑料添加剂选择及其作用机理研究的不断深化，塑料配混技术与设备不断得到壮大与发展。

为了使广大塑料工程技术人员和操作人员及时掌握配混设备相关理论知识和操作与维护技术，我们编写了《塑料配混设备操作与疑难处理实例解答》一书。本书是根据多年的实践和教学、科研经验，用众多企业生产中的具体案例为素材，以问答的形式，主要解答了塑料原料筛析与干燥设备、塑料原料混合设备、混炼设备、高效连续共混改性设备及辅助设备的选用与操作维护等技术方面的大量疑难问题与处理。同时，还对塑料配混的基本知识、设备安全使用与维护基本疑难问题进行了详细解答。本书的编写语言简练，通俗易懂，并结合生产实际，可操作性强。适合于一线工程技术人员和操作人员阅读或参考，也可作为相关专业大专师生的教学参考书。

本书由杨中文、刘浩编著，刘西文、王海燕等也参与了本书大量工作。在编写过程中，还得到了黄东、田志坚、王小红、冷锦星、彭立群、李亚辉、周晓安、田英等许多专家及工程技术人员的大力支持与帮助，在此谨表示衷心的感谢！

由于水平有限，书中难免有不妥之处，恳请同行专家及广大读者批评指正。

编著者
2019 年 4 月

目录
CONTENTS

第3章　塑料原料筛析与干燥设备疑难处理实例解答

第4章 塑料原料混合设备操作与疑难处理实例解答

第5章 塑料混炼设备操作与疑难处理实例解答

参考文献

第①章

塑料混合的基本知识疑难处理实例解答

1.1 塑料与配方基本知识疑难处理实例解答

1.1.1 塑料的组成如何？

塑料是以树脂为主要成分，含有各种助剂，在成型加工过程中能流动成型的材料。塑料的组成主要包括树脂和助剂两大部分，其中树脂为塑料的基质材料，占塑料总量的40%～100%，树脂的性能决定塑料的基本性能。助剂又称添加剂，是塑料的辅助材料，其作用主要是改善树脂的成型加工性能和制品的使用性能，延长制品的使用寿命和降低成本。

塑料用树脂是一种高分子聚合物，又称聚合物，其品种有很多，不同品种的聚合物其分子的组成结构不同，性能也不同，因此，在成型加工和应用方面也存在较大差异。常用的树脂有聚乙烯、聚丙烯、聚氯乙烯、聚苯乙烯、聚甲基丙烯酸甲酯、聚甲醛、聚碳酸酯等。

塑料用助剂的类型有很多，常用的主要有热稳定剂、光稳定剂、抗氧剂、填充剂、增塑剂及润滑剂等。不同类型的助剂在塑料中所起的作用不同，热稳定剂、光稳定剂和抗氧剂等稳定化助剂能提高塑料在加工及使用过程中受热、光、氧的稳定性能，因而可改善塑料的加工性能和制品的使用性能；填充剂可提高塑料的刚性、硬度等性能，还可降低成本；增塑剂可以改善塑料的物理力学性能和成型加工的流动性；润滑剂可以改善塑料的成型加工的流动性和制品的脱模性等。

1.1.2 塑料配方是指什么？塑料为何要配方？

（1）塑料配方　塑料配方是指为满足制品成型加工和使用性能的要求，合理选用树脂和助剂并科学确定其配比后所形成的复合体系。

（2）塑料配方的意义　塑料聚合物的性能与其分子的结构有关，对于聚合物来说，通常难以同时满足使用、加工、经济等方面的要求，如性能优良的工程塑料，大多价格高而且难以成型加工；价格低的塑料，性能又不够好。因此需要通过塑料配方设计进行改性使塑料在成型加工性能、使用性能和价格等方面达到较好效果。

① 改善成型加工性能。降低物料的黏度，改善物料的加工流动性。

② 改善制品的使用性能。如通过增强、共混、交联等手段来提高和改善塑料材料的力学性能等。

③ 赋予制品新的性能。抗静电、导电、生物降解等等。

④ 降低成本。如通过填充、发泡、增强和功能化配方等，选择成本较低的塑料与助剂或减轻制品重量来实现成本的降低。

1.1.3 塑料配方设计原则有哪些？

塑料配方设计是选择树脂和助剂并优化确定其用量的过程。塑料用树脂和助剂品种有很多，如何选择合适的树脂和助剂，并确定其用量，在配方设计时需从多方面加以考虑，其主要遵循的原则是：

（1）满足制品的使用性能要求　首先应充分了解制品的用途及性能要求，如机械、汽车、航天航空、医疗等应用领域不同，对制品的性能要求不同。制品性能要求主要包括力学性能、卫生性、电性能、阻燃性等方面的要求。其次是要合理确定材料和制品的性能指标，配方的好坏是由所得材料和制品的具体指标来体现的，在确定各项性能指标时要充分利用现有的国家和国际标准，使之尽可能实现标准化。性能指标也可根据供需双方的要求协商制定。

（2）保证制品良好的成型加工性　不同的成型加工方法对原料加工性能要求不同，如挤出成型一般要求原料的熔体强度较高，压延成型要求原料的外润滑效果要好。因此在配方设计时，应考虑产品成型加工工艺、设备及模具的特点，使物料在塑化、剪切中不产生或少产生挥发和分解现象，同时使物料的流变特性与设备和模具相匹配。

（3）充分考虑助剂与树脂的相容性　助剂与树脂之间应具有良好的相容性，以保证助剂长期稳定地存留在制品中，发挥其应有的效能。助剂与树脂相容性的好坏，主要取决于它们结构的相似性，例如，极性的增塑剂与极性 PVC 树脂相容性良好；在抗氧剂分子中引入较长的烷基可以改善与聚烯烃树脂的相容性。另外，对某些助剂而言，有意识地削弱其与树脂的相容性反而是有利的，如润滑剂、防雾剂、抗静电剂等。一般各种助剂与树脂之间都有一定的相容性范围，超出这个范围，助剂便容易析出。

（4）助剂的效能　同一作用的助剂品种有很多，但不同的助剂其效能不同。效能高的在配方中一般用量少。效能低的用量则较大。由于助剂在正常发挥作用时，会产生某些副作用，在配方设计中，要视这种副作用对制品性能的影响程度加以注意，如大量使用填料时会造成体系黏度的上升，成型加工困难，力学性能下降；阻燃剂用量较多时也会使材料力学性能明显下降。因此，配方设计时应尽量选用效能高的助剂品种。

有些助剂具有双重或多重作用，如炭黑不仅是着色剂，同时还兼有光屏蔽和抗氧化作用；增塑剂不但使制品柔化，而且能降低加工温度，提高熔体流动性，某些还具有阻燃作用；有些金属皂稳定剂本身就是润滑剂等等。对于这些助剂，在配方中应综合考虑，调配用量或简化配方。

另外，有些助剂单独使用时效能比较低，但与其他助剂一起配合使用时，效能会大大提高，而有些助剂则相反，与某些助剂配合使用时则效能会降低。如锌皂和钙皂热稳定剂在 PVC 中使用时，锌皂的前期热稳定效果比较好，后期比较差；而钙皂则是前期热稳定效果差，后期则比较好，两者配合使用时，热稳定效果会大大得到提高。又如，受阻胺类光稳定剂（HALS）与硫醚类辅抗氧剂并用时，硫醚类滋生的酸性成分会抑制 HALS 的光稳定作用，使其光稳定效能大大降低。

（5）合理的性能价格比　一般，在不影响或对主要性能影响不大的情况下，应尽量降低配方成本，以保证制品的经济合理性，尽量使用来源广、采购方便、成本低的助剂。

1.1.4　塑料配方的计量表示方法有哪些？

塑料配方的计量表示方法是指表征配方中各组分加入量的方法。一个精确、清晰的塑料配方计量表示，会给实验和生产中的配料、混合带来极大方便，并可大大减少因计量差错造成的损失。一般在塑料配方设计中其配方的计量表示方法主要有质量份表示法、质量分数表示法、比例法及生产配方等。一般常用的是质量份表示法和质量分数表示法两种。

质量份表示法是以树脂的质量为 100 份，其他组分的质量份均表示相对于树脂质量份的用量。这是最常用的塑料配方表示方法，常称为基本配方，主要用于配方设计和试验阶段。质量分数表示法是以物料总量为 100%，树脂和各组分用量均以占总量的百分数来表示。这种配方表示法可直接由基本配方导出，用于计算配方原料成本。比例法是以配方中一种组分的用量为基准，其他组分的用量与之相比，以两者的比例来表示。在配方中很少用，一般主要用于有协同作用的助剂之间，特别强调两者的用量比例。生产配方便于实际生产实施，一般根据混合塑化设备的生产能力和基本配方的总量来确定。质量份、质量分数及生产配方的表示法如表 1-1 所示。

表 1-1　塑料配方的计量表示

原材料	质量份	质量分数/%	生产配方/kg
PVC SG-5	100	85.03	50
三碱式硫酸铅	2.5	2.13	1.25
二碱式亚磷酸铅	1.5	1.28	0.75
硬脂酸钙	0.8	0.68	0.4
硬脂酸单干油酯	0.4	0.34	0.2
硬脂酸	0.4	0.34	0.2
氯化聚乙烯	6	5.10	3
CaCO$_3$（轻质）	6	5.10	3
合计	117.6	100	58.80

1.2　塑料的混合基本知识疑难处理实例解答

1.2.1　什么是塑料的混合？塑料混合有哪些类型？

（1）塑料的混合　塑料的混合通常包含两方面的含义：广义上的塑料混合包括树脂与各类助剂、增强材料及各改性高聚物的混合，目的是改进塑料的使用性能、加工性能，赋予塑料特殊的性能及降低成本。一般意义上的混合是指一种操作，是将塑料用树脂与其他成分配制成均匀的物料，该物料通过塑料成型加工工艺制成具有使用价值的塑料材料。

一般意义的混合实质上是在整个被混合系统的全部体积内，各组分在其基本单元没有本质变化的情况下的细化和分布的过程。它改变塑料各组分在空间的有序或堆集状态的原始分布，从而增加在任意点上任意组分的粒子或体积单元的概率，以便达到合适的空间分布。

（2）塑料混合的类型　根据塑料混合过程中是否有分散粒子尺寸变小，可分为非分散混合（简单混合或分布性混合）与分散混合。还可根据混合物料的状态，分为固/固混合、固/液混合、液/液混合。

1.2.2 非分散混合与分散混合有何不同？

非分散混合是混合过程中各组分粒子只有相互空间位置的变化，而无粒径大小的变化。非分散混合如图 1-1 所示。

图 1-1 非分散混合

分散混合是指在混合过程中一种或多种组分的物理状态或物理性能发生了变化并向其他组分渗透，在增进各组分空间无规程度的同时，有混合粒子的尺寸变小或溶解现象发生，即具有粉碎原有混合粒子的效果。分散混合如图 1-2 所示。

图 1-2 分散混合

1.2.3 塑料混合过程的机理是怎样的？

混合过程中各组分单元分布非均匀性地减少和某些组分单元的细化，只能通过各组分单元的物理运动来实现，通常多组分物料的混合是借助分子扩散、涡旋扩散和体积扩散三种基本运动形式实现的。

（1）体积扩散　体积扩散又称对流扩散，是指在机械搅拌等外力的推动下，物料体系内各部分间发生相对位移，从而促使各组分的质点、液滴或固体微粒由体系的一个空间位置向另一个空间位置运动，以达到各组分单元均匀分布的过程。在塑料成型的许多操作中，这种物理运动的混合机理常占有主导地位。由体积扩散所引起的对流混合通常可通过两种方式发生，一种称为体积对流混合，另一种称为层流对流混合或简称为层流混合。体积对流混合是指对流作用使物料各组分单元进行空间的重新排布，而不发生物料的连续变形，这种可多次重复进行的物料单元重新排布，可以是无规的，也可以是有序的。在干掺混机中，粉、粒状固体间的体积对流混合是无规的，而在静态混合器中塑性物料的体积对流混合是有序的。层流混合涉及流体因层状流动而引起的各种形式的变形，这是一种主要发生在塑性物料间的均一化过程，在这种方式的混合过程中，多组分体系物料的均一化主要靠外部所施加的剪切、拉伸和压缩等作用而引起的变形来实现。

（2）分子扩散　分子扩散是一种以浓度梯度为动力，能够自发进行的物理运动，借助分子扩散而实现的混合常称为分子扩散混合。分子扩散混合时，各组分单元由其浓度较大的区域不断迁移到其浓度较小的区域，最终达到各组分在体系内各处的均匀分布。

分子扩散的动力来自于浓度差所造成的化学势能梯度，其作用的发挥取决于分子运动的能力和速度，主要发生于气体和低黏度液体中，而在固体与固体之间，分子扩散的速率一般都非常小。塑料成型过程中常需将几种熔体混匀，由于聚合物熔体的黏度都很高，熔体与熔体之间的分子扩散速率也很小，塑料熔体间的混合不能靠分子扩散来实现。

（3）涡旋扩散　涡旋扩散也称湍流扩散，通常流体间的混合主要依靠体系内产生湍流来实现。在塑料的成型过程中，由于塑料熔体的流速低而黏度又很高，流动很难达到湍流状态，故很少能依靠涡旋扩散来实现物料的均一化。

1.2.4 塑料混合过程的要素有哪些？

塑料的混合过程是一个动态平衡过程，即在一定的剪切场的作用下，分散相不断被破碎，与此同时，在分子热运动的作用下，破碎的分散相又趋向重新集聚，最终使分散相达到该条件下的平衡粒径的过程。一般认为，无论使用何种设备做混合操作，混合过程都应具备以下混合要素，即剪切、分流和位置交换；对于有混炼过程的混合还有压缩、剪切和分配置换等作用。在剪切变形作用下，物料块被拉长和偏转，截面变细，使得其表面积增加，与其他物料接触的机会变大，渗入别的物料块的机会增加，可达到均匀混合的目的，混合过程主要是通过剪切、分流、位置交换三要素，使共混物在一定的体积空间内均匀分布，最终得到一种宏观上的分散混合体。物料受到剪切作用时的变形如图1-3所示。

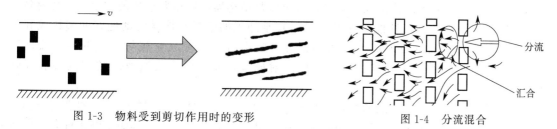

图1-3　物料受到剪切作用时的变形　　　　　　图1-4　分流混合

分流是指塑料流体流动的流道中设置突起状或隔板状的剪切片，对流动进行分流。分流的结果是使塑料流体流动变得复杂，料流束内有循环流动或料流束发生位置交换，多股料流分流后重新汇合形成混合，如图1-4所示。

1.2.5 何谓塑料共混？塑料共混有哪些类型？

（1）塑料共混　所谓塑料共混是指以一种塑料为基体，掺混另一种或多种小组分的塑料或其他类型的聚合物，通过混合与混炼，形成一种新的表观均匀的复合体系，使其性能发生变化，以改善基体塑料的某些性能。塑料的共混不仅是塑料改性的一种重要手段，更是开发具有崭新性能新型材料的重要途径。当前，塑料的共混已被广泛用于塑料工业中。塑料共混物是一个多组分体系，在此多组分塑料体系中，各组分始终以自身塑料的形式存在。在显微镜下观察可以发现其具有类似金属合金的相结构（即宏观不分离，微观非均相结构），故塑料共混物通常又称塑料合金或高分子合金。正如金属合金具有单一金属无法比拟的优异性能一样，塑料合金也同样具有单一塑料难以具备的优异性能。

（2）塑料共混的类型　塑料共混体系主要有塑料与塑料的共混、塑料与橡胶的共混两种类型。一般来说，塑料共混物各组分之间主要靠分子次价力结合，即物理结合，而不同于共聚物是不同单体组分以化学键的形式联结在分子链中，但在高分子共混物中不避免地也存在着少量的化学键。例如，在强剪切力作用下的熔融混炼过程中，可能由于剪切作用使得大分子断裂，产生大分子自由基，从而形成少量嵌段或接枝共聚物。此外，近年来为强化参与共混聚合物组分之间的界面粘接而采用的反应增容措施，也必然在组分之间引入化学键。

1.2.6 塑料共混的目的有哪些？

塑料共混的主要目的是改善塑料的某些性能，以获得综合性能优异的塑料材料。由于塑料材料品种很多，不同的塑料品种其性能差异很大，另外塑料的不同用途、不同的应用环境等对塑料的性能要求也不一样，因此对不同的塑料、不同的用途、不同的应用环境的塑料改性的目的有所不同。一般来讲，对塑料共混的具体目的主要有以下几个方面。

（1）综合均衡各塑料组分的性能，以改善材料的综合性能　在单一塑料组分中加入其他塑料或聚合物改性组分，可取长补短，消除各单一塑料品种性能上的缺点，使材料的综合性能得到改善。例如：聚丙烯密度小，透明性好，其力学性能、硬度和耐热性均优于聚乙烯，但抗冲击性能差，尤其是低温抗冲击性能、耐应力、开裂性能及柔韧性都不如聚乙烯。如将聚丙烯与聚乙烯共混，制得的两者共混物既保持了聚丙烯较高的抗张、抗压强度和聚乙烯的高冲击强度的优点，又克服了聚丙烯抗冲击强度低、耐应力和开裂性能差的缺点。

（2）将少量的塑料或其他聚合物作为另一塑料的改性剂，以获得显著的改性效果　在一种基体塑料中加入少量某种塑料或其他类聚合物，通过共混改性可以使基体塑料某些方面的性能获得显著改善。例如：在硬质聚氯乙烯中加入 $10\%\sim20\%$ 的丁腈橡胶或氯化聚乙烯或 EVA 等，可使硬质聚氯乙烯的抗冲击强度大幅度提高，同时又不像加入增塑剂那样明显降低热变形温度，从而可以获得性能优异，又可满足结构器件使用要求的硬质聚氯乙烯材料。

（3）改善塑料的加工性能　性能优异但较难加工的塑料与熔融流动性好的塑料或其他类聚合物共混，可以方便地成型。例如：难熔融难溶解的聚酰亚胺与少量的熔融流动性良好的聚苯硫醚共混后即可很容易地实现注射成型，又不影响聚酰亚胺的耐高温和高强度的特性。

（4）可制备具有特殊性能的聚合物材料　采用具有特殊性能的塑料共混，可获得全新功能的新材料。例如：用溴代聚醚作为聚酯的阻燃剂，二者共混后可得到耐燃性聚酯，用聚氯乙烯与 ABS 共混也可大大提高 ABS 的耐燃性；用折射率相差较悬殊的两种树脂（如 PM-MA 与 PE）共混可获得彩虹的效果，可制备彩虹膜等产品；利用硅树脂的润滑性可以使共混物具有良好的润滑性能；利用拉伸强度相差悬殊，相容性又很差的两种树脂共混后发泡，可制成多孔、多层材料，其纹路酷似木纹。

（5）提高塑料材料的性价比　对某些性能卓越，但价格昂贵的工程塑料或特种塑料，可通过共混，在不影响使用要求的条件下，降低原材料的成本，提高性价比，如聚碳酸酯、聚酰胺、聚苯醚等与聚烯烃的共混等。

（6）回收利用废弃聚合物材料　随着绿色环保理念的不断深入，各种废料的回收利用也将成为聚合物共混改性普遍关注的问题。如用弹性体或纤维对废旧聚丙烯进行增韧改性、用不同树脂制备高分子合金等，经过改性后的废旧聚丙烯的某些力学性能可达到或超过原树脂制品的性能。

1.2.7 塑料共混的方法有哪些？

塑料共混的方法主要有物理方法和化学方法两种。物理共混法是依靠塑料之间或塑料与橡胶分子链之间的物理作用实现共混的方法，物理共混是靠对流、剪切两种作用完成共混的，扩散作用较为次要。物理法应用最早，工艺操作方便，比较经济，对大多数塑料品种都适用，至今仍占重要地位。

化学共混法是指在共混过程中塑料之间或塑料与橡胶之间产生一定的化学键，并通过化学键将不同组分的塑料联结成一体以实现共混的方法，它包括共聚-共混法、反应-共混法、

IPN法形成互穿网络聚合物共混物和分子复合技术等。化学共混制备的塑料共混物性能较为优越，近几年发展较为迅速。

1.2.8 塑料物理共混方法有哪些类型？各有何特点？

（1）物理共混的类型　物理共混按共混方式可分为机械共混法（包括干粉共混法和熔融共混法）、溶液共混法（共溶剂法）和乳液共混法。

（2）各共混法的特点

① 机械共混法　机械共混是将不同种类的塑料或塑料与橡胶通过混合或混炼设备进行机械混合制得塑料共混物的方法。根据混合或混炼设备和共混操作条件的不同，可将机械共混分为干粉共混和熔融共混两种。

干粉共混法是将两种或两种以上不同品种塑料粉末在球磨机、螺带式混合机、高速混合机、捏合机等非熔融的通用混合设备中加以混合，混合后的共混物仍为粉料。在干粉共混的过程中，可加入必要的各种助剂（如增塑剂、稳定剂、润滑剂、着色剂、填充剂等），所得的塑料共混物料可直接用于成型或经挤出后再用于成型。干粉共混法要求塑料粉料的粒度尽量小，且不同组分在粒径和密度上应比较接近，这样有利于混合分散效果的提高。干粉共混法的混合分散效果相对较差，一般不宜单独使用，而是作为融熔共混的初混过程；但可直接应用于难溶、难熔及熔融温度下易分解聚合物的共混，如氟树脂、聚酰亚胺、聚苯醚和聚苯硫醚等树脂的共混。

熔融共混法系将塑料各组分在软化或熔融流动状态下（即黏流温度以上）用各种混炼设备加以混合，获得混合分散均匀的共混物熔体，经冷却，粉碎或粒化的方法。为增加共混效果，有时先进行干粉混合，作为熔融共混法中的初混合。熔融共混法由于共混物料处在熔融状态下，各种塑料或塑料与橡胶分子之间的扩散和对流较为强烈，共混效果明显高于其他方法。尤其是在混炼设备的强剪切力的作用下，有时会导致一部分塑料分子降解并生成接技或嵌段共聚物，可促进塑料与塑料或塑料与橡胶分子之间的相容。所以，熔融共混法是一种最常采用、应用最广泛的共混方法，其工艺过程如图1-5所示。

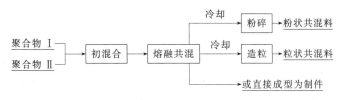

图1-5　熔融共混过程

熔融共混法要求共混塑料各组分易熔融，且各组分的熔融温度和热分解温度应相近，各组分在混炼温度下，熔体黏度也应接近，以获得均匀的共混体系。塑料各组分在混炼温度下的弹性模量也不应相差过大，否则会导致塑料各组分受力不均而影响混合效果。

② 溶液共混法（共溶剂法）　溶液共混法将共混塑料各组分溶于共溶剂中，搅拌混合均匀或将塑料各组分分别溶解再混合均匀，然后加热驱除溶剂即可制得塑料共混物。

溶液共混法要求溶解塑料各组分的溶剂为同种，或虽不属同种，但能充分互溶。此法适用于易溶塑料和共混物以溶液态被应用的情况。因溶液共混法混合分散性较差，且需消耗大量溶剂，很少用于工业生产，主要用于实验室研究。

③ 乳液共混法　乳液共混法将不同塑料分别制成乳液，再将其混合搅拌均匀后，加入凝聚剂使各种塑料共沉析制得塑料共混物。此法因受原料形态的限制，且共混效果也不理

想，故主要适用于塑料乳液。

1.2.9 塑料化学共混方法有哪些类型？各有何特点？

（1）化学共混法的类型　塑料化学共混方法有共聚-共混法、IPN法、反应-共混法和分子复合技术等类型。

（2）共混特点

① 共聚-共混法　共聚-共混法有接枝共聚-共混与嵌段共聚-共混之分，其中以接枝共聚-共混法更为重要。接枝共聚-共混法的操作过程是在一般的聚合设备中将一种塑料溶于另一塑料或其他聚合物的单体中，然后使单体聚合，即得到共混物。所得的塑料共混体系包含两种均聚物及一种塑料为骨架接枝上另一种塑料的接枝共聚物。由于接枝共聚物促进了两种均聚物的相容性，所得的共混物相区尺寸较小，制品性能较优。近年来此法应用发展很快，广泛用来生产橡胶增韧塑料，如高抗冲聚苯乙烯（HIPS）、ABS塑料、MBS塑料等。

② IPN法　IPN法是利用化学交联法制取互穿网络共混物的方法。互穿网络共聚物（IPN）技术可以分为分步型IPN（简记为IPN）、同步型IPN（SIN）、互穿网络弹性体（IEN）、胶乳-IPN（LIPN）等。IPN的制备过程是先制取一种交联聚合物网络，将其在含有活化剂和交联剂的第二种聚合物单体中溶解，然后聚合，第二步反应所产生的聚合物网络就与第一种聚合物网络相互贯穿，通过在两相界面区域不同链段的扩散和纠缠达到两相之间良好的结合，形成互穿网络聚合物共混物。

③ 反应-共混法　反应-共混技术是目前在国外发展最活跃的一项共混改性技术，这种技术是将塑料聚合物共混反应（聚合物与聚合物之间或聚合物与单体之间）、塑料混炼和塑料的成型加工，在双螺杆挤出机中一步完成。采用的双螺杆挤出机一般长径比较大，且开设有排气孔，以满足塑料的混炼、反应的要求。

④ 分子复合技术　分子复合技术是指将少量的硬段高分子作为分散相加入到柔性链状高分子中，从而制得高强度、高弹性模量的共混物。

1.2.10 塑料混合效果应如何评定？混合过程中应如何提高混合效果？

（1）塑料混合效果的评定　塑料混合效果用混合程度来加以评定。混合程度可用分散程度与均匀程度来表示。

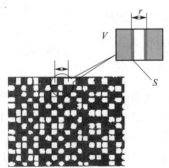

分散程度一般用相邻的同一组分平均距离来表示，如图1-6所示。r为条纹厚度（相邻的同一组分平均距离），假设混合物在剪切力作用下引起各组分混合，得到规则条状或带状混合物，其中r可由混合物单位体积V内各组分的接触面积S来计算：

$$r = \frac{V}{S/2}$$

由此可见，r与S成反比，而与V成正比；也就是说，接触面积S越大，则距离越短，分散程度越好；混合物单位体积V越小，距离越短，分散程度也越好。因此，在混合过程中，不断减小粒子体积，增加接触面积，提高分散程度。

图1-6　二组分混合时条纹
厚度与接触面积

通常相邻的同一组分间的平均距离可以用取样的办法测定，即同时取若干样品测定。

均匀程度是指不同物料经过混合所达到的分散掺和的均匀程度的度量，指混合物占体的比率与理论或总体比率的差异。如液体中任一点的浓度等于加入物料比率算得的平均浓度时，就说此混合状态是均匀的。非均匀状态的混合程度可用任一点浓度与加入物料比率算得的平均浓度差值来表达，差值越大，表示偏离均匀状态越远。物料混合均匀程度如图 1-7 所示。

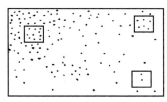 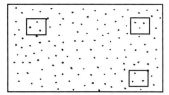

(a) 表示混合均匀性差   (b) 表示混合均匀性好

图 1-7 物料混合均匀程度

在实际生产中应视物料的种类和使用要求来判断混合程度是否符合要求，工业上除凭经验判断混合过程外，有时也用物理机械性能或化学性能的变化来进行判断。

（2）提高混合效果的措施

① 在混合过程中要尽量增大各组分之间的接触面积，减小物料的平均厚度。

② 各组分的交界面应相当均匀地分布在被混合的物料中。

③ 在混合物的任何部分，各组分的比率和整体的比率尽量相同。

第❷章

塑料配混设备的使用与维护
基本知识疑难处理实例解答 ‖‖‖

2.1 塑料配混设备常用机械零件疑难处理实例解答

2.1.1 塑料配混设备中轴承有何作用？轴承有哪些类型？

（1）轴承的作用　轴承是用于确定旋转轴与其他零件的相对运动位置，起支承或导向作用的零部件。它的主要功能是支撑机械旋转体，用以降低设备在传动过程中的机械载荷摩擦系数。

（2）轴承的类型　按运动元件摩擦性质的不同，轴承可分为滚动轴承和滑动轴承两大类，如图 2-1 和图 2-2 所示。滚动轴承是将运转的轴与轴座之间的滑动摩擦变为滚动摩擦，从而减少摩擦损失的一种精密的机械元件。滚动轴承是靠滚动体的转动来支撑转动轴的，而接触部位是一个点，滚动体越多，接触点就越多。滑动轴承是在滑动摩擦下工作的轴承，它是靠平滑的面来支撑转动轴的，因而接触部位是一个面。其次是运动方式不同，滚动轴承的运动方式是滚动；滑动轴承的运动方式是滑动。

图 2-1　滚动轴承

图 2-2　滑动轴承

2.1.2　滚动轴承的结构如何？有哪些类型？

（1）滚动轴承的结构　滚动轴承一般由内圈、外圈、滚动体和保持架四部分组成，如图 2-3 所示。

内圈的作用是与轴相配合并随轴一起旋转，装在轴颈上，随轴转动；外圈的作用是与轴承座相配合，起支撑作用，装在轴承座孔内，一般不转动；滚动体是滚动轴承的核心元件，它借助于保持架均匀地将滚动体分布在内圈和外圈之间，其形状大小和数量直接影响滚动轴承的使用性能和寿命；保持架是将滚动体均匀隔开，使滚动体均匀分布，防止滚动体脱落，避免摩擦，引导滚动体旋转；油脂起润滑作用。

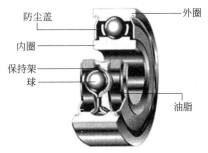

图 2-3　滚动轴承结构

（2）滚动轴承的类型　滚动轴承按其所能承受的载荷方向或公称接触角的不同分为向心轴承和推力轴承。向心轴承主要用于承受径向载荷，它又有径向接触角和向心接触角轴承。推力轴承主要用于承受轴向载荷，它又可分为轴向接触轴承、推力角接触轴承。

按其滚动体的形状可分为球轴承、滚子轴承。球轴承的滚动体为球，滚子轴承的滚动体为滚子，滚子的形状有圆柱、圆锥、滚针等，如图 2-4 所示。

(a) 双列圆锥滚子轴承　　　　(b) 圆柱滚子轴承　　　　(c) 滚针轴承

图 2-4　轴承的几种类型

按其工作时能否调心可分为调心轴承和非调心轴承。调心轴承滚道是球面形的，能适应两滚道轴心线间的角偏差及角运动。非调心轴承是能阻抗滚道间轴心线角偏移的轴承。

轴承按滚动体的列数可分为单列轴承、双列轴承和多列轴承等。

2.1.3　滚动轴承的类型应如何选择？其型号如何表示？

（1）选择方法　滚动轴承的类型较多，选用时一般从以下几方面加以考虑：

① 载荷的大小、方向和性质　球轴承适于承受轻载荷，滚子轴承适于承受重载荷及冲击载荷。当滚动轴承受纯轴向载荷时，一般选用推力轴承；当滚动轴承受纯径向载荷时，一般选用深沟球轴承或短圆柱滚子轴承；当滚动轴承受纯径向载荷的同时，还有不大的轴向载荷时，可选用深沟球轴承、角接触球轴承、圆锥滚子轴承及调心球；当轴向载荷较大时，可选用接触角较大的角接触球轴承及圆锥滚子轴承，或者选用向心轴承和推力轴承组合在一起，这在极高轴向载荷或特别要求有较大轴向刚性时尤为适合。

② 允许转速　因轴承的类型不同有很大的差异。一般情况下，摩擦小、发热少的轴承，

适于高转速。设计时应力求滚动轴承在低于其极限转速的条件下工作。

③ 刚性　轴承承受负荷时，轴承套圈和滚动体接触处就会产生弹性变形，变形量与载荷成比例，其比值决定轴承刚性的大小。一般可通过轴承的预紧来提高轴承的刚性；此外，在轴承支承设计中，考虑轴承的组合和排列方式也可改善轴承的支承刚度。

④ 调心性能和安装误差　轴承装入工作位置后，往往由于制造误差造成安装和定位不良。此时常因轴产生挠度和热膨胀等原因，使轴承承受过大的载荷，引起早期的损坏。自动调心轴承可自行克服由安装误差引起的缺陷，因而是适合此类用途的轴承。

⑤ 安装和拆卸　圆锥滚子轴承、滚针轴承等，属于内外圈可分离的轴承类型（即所谓分离型轴承），安装拆卸方便。

⑥ 市场性　即使是列入产品目录的轴承，市场上不一定有销售；反之，未列入产品目录的轴承有的却大量生产。因而，应清楚使用的轴承是否易购得。

（2）型号表示　滚动轴承型号是用字母加数字来表示轴承结构、尺寸、公差等级、技术性能等特征的产品符号。国家标准 GB/T 272—93 及其补充规定 JB/T 2974 — 2004 规定轴承的代号由三部分组成：前置代号、基本代号、后置代号。前置代号和后置代号都是轴承代号的补充，只有在遇到对轴承结构、形状、材料、公差等级、技术要求等有特殊要求时才使用，一般情况可部分或全部省略。

基本代号是轴承代号的基础。基本代号表示轴承的基本类型、结构和尺寸。它由轴承类型代号、尺寸系列代号、内径代号构成。轴承类型代号用数字或字母表示不同类型的轴承；尺寸系列代号由两位数字组成，前一位数字代表宽度系列向心轴承或高度系列推力轴承，后一位数字代表直径系列。尺寸系列表示内径相同的轴承可具有不同的外径，而同样的外径又有不同的宽度（或高度），由此用以满足各种不同要求的承载能力；内径代号表示轴承公称内径的大小，用数字表示。

例如，轴承的型号表示为 23224，其含义是：2—类型代号，调心滚子轴承；32—尺寸系列代号；24—内径代号，$d = 120mm$。

轴承 6208-2Z/P6 的含义是：6—类型代号，深沟球轴承；2—尺寸系列代号；08—内径代号，$d = 40mm$；2Z—轴承两端面带防尘罩；P6—公差等级符合标准规定 6 级。

2.1.4　滚动轴承的安装步骤如何？

（1）安装前的准备

① 准备好检修所需要的工具、量具等。

② 安装前先将轴承中的防锈油和脏润滑油脂挖出，然后放在热机油中使残油溶化，再用煤油冲洗，最后用汽油洗净，并用白布擦干。

③ 轴承在安装前应对轴承及与轴承相配合的零件进行检查。检查轴承应包括轴承型号、基本尺寸是否正确；轴承内是否清洗干净；内外圈、滚动体、保持架是否有生锈、毛刺、碰伤、裂纹；轴承转动是否自如；间隙是否合适等。轴颈和与轴承相配合的孔的表面不应该有毛刺、裂纹或凹凸不平现象，对表面某些缺陷应加以修理，表面上的毛刺用油石或砂布磨掉。对其他较严重的缺陷，如果认为有必要，可以采用刷镀、喷涂等方法修复或更换。应对轴或轴承安装孔用千分表或千分尺测量其圆度和圆柱度等。

经清洗、检查的轴承，确认可以安装时，轴承应添加润滑剂，涂油时应使轴承缓慢驱动，使油脂能进入滚动件和滚道之间。

（2）滚动轴承的安装　滚动轴承的安装方法有压入法、热装法和冷装法。一般要根据轴承的结构、尺寸，配合情况，决定采用不同的方法。

① 压入法　压入法主要用于滚动轴承与轴或轴承座孔过盈较小的情况。采用压入法安装时，轴承内圈与轴是紧配合，外圈与壳体的配合较松时，可先将轴承装在轴上，然后将轴连同轴承一起装入壳体中。压装时在轴承端面上垫一软金属材料的装配套管，该套管的内径应比轴径略大，外径应小于轴承内圈的挡边直径，以免压在保持架上。

轴承外圈与壳体孔为紧配合，内圈与轴为较松配合，可先将轴承先压入壳体中，这时装配套管的外径应略小于壳体孔的直径。

轴承内圈与轴、外圈与壳体都是紧配合，装配套管端面应做成能同时压紧轴承内外圈端面的圆环。或用一圆盘和装配套管，使压力同时传到内、外圈上，从而把轴承压入轴上和壳体中。此种方法特别适用于能自动调心的向心球面轴承的安装。

轴承安装时，应注意不能用铁锤直接敲击轴承，也不能利用滚动体来传递作用力，如图 2-5 和图 2-6 所示。

图 2-5　不能用铁锤敲击轴承　　　　　　图 2-6　不能利用滚动体传递作用力

② 热装法　热装法主要适用于过盈量较大的中、大型轴承的安装。安装前，把轴承或可分离型的轴承套圈放入油槽中均匀地加热至 80～100℃（一般不超过 100℃，最高不超过 120℃），然后从油箱中取出，立即用干净的布擦净轴承。在一次操作中将轴承推到顶住轴肩的位置，并在整个冷却过程中应设法始终推紧，同时应适当转动轴承，以防安装倾斜或卡死。

加热时应注意：油槽内在距离底 50～70mm 处应有一网栅或悬挂轴承的钩子，不要使轴承置于槽底，以防沉淀杂质进入轴承。同时，必须有温度计严格控制最高油温。要特别注意安全，以免烫伤。

对于轴承外圈与轴承座孔为紧配合的轴承的装配，如果过盈量较大，常温下压入安装困难较大，或者可能对轴承造成损害，需用热装法时，可将轴承座加热。

③ 冷装法　冷装法适用于轴承与轴或轴承座孔配合过盈量较大的中、大型轴承的安装。一般是用干冰（沸点 -78.5℃）或液氮（沸点为 -195.8℃）为冷却介质，将轴颈（轴承内圈与轴为紧配合）或轴承（轴承外圈与轴承座孔为紧配合）放到冷却装置中进行冷却，冷却温度一般不低于 -80℃，以免材料冷脆，冷却后迅速取出，安装到预定位置。

（3）滚动轴承间隙调整　滚动轴承间隙是指滚动轴承的径向间隙与轴向间隙。间隙的作用是保证滚动体的正常运转并补偿热伸长。间隙的合适与否，直接影响着轴承的寿命。

当轴承为间隙可调整的滚动轴承时，间隙调整可用调整垫片、螺纹环、外套、预紧弹簧、锁紧螺母等方法。调整方法是先用锁紧螺母调整间隙，再用调整垫片调整轴向间隙，用螺纹环调整游隙，调整双向推力轴承的游隙，然后用调整垫片预紧推力滚子轴承。

当轴承为间隙不可调整的滚动轴承时，如不承受轴向力的轴承深沟球轴承、圆柱滚子轴承等，这类轴承的间隙在制造时已按标准确定好，不能进行调整。在安装过程中主要看其是否能运转自如，必要时可进行径向间隙的测量。

2.1.5 滚动轴承的拆卸方法如何？

在塑料设备中，滚动轴承有可分离和不可分离两种情况。对于不可分离型轴承的拆卸，由于轴承与轴是紧配合，与壳体孔为较松的配合，拆卸时，一般可将轴承与轴一同从壳体中取出，然后用拆卸工具将轴承从轴上卸下。为防止损伤轴承及与之相结合的零件，拆卸时在轴承下面应垫一衬套，作用力不能加到轴承的滚动体上。在轴承的拆卸中最常用的拆卸工具为二杆或三杆拆卸器，图 2-7 和图 2-8 所示为双拉杆和三拉杆拆卸器。

图 2-7　双拉杆轴承拆卸器　　　　图 2-8　三拉杆轴承拆卸器　　　　图 2-9　轴承的感应加热

对于可分离型轴承的拆卸，当内圈与轴为紧配合时，可先将轴与内圈一起取出，然后用拆卸工具将内圈从轴上卸下，而轴承的外圈，可用压力机或拉杆拆卸器把紧配合的外圈压出或拔出。当拆卸或安装数量较多的可分离轴承时，可采用感应加热拆卸法，即拆卸轴承时采用专用的感应加热器套在轴承的内圈上，如图 2-9 所示。用拆卸器的卡爪卡住轴承，通电后内圈很快发热，当轴承内圈在轴上松动时，切断电源，即可用拆卸工具拆下轴承内圈和外圈。

2.1.6 如何测量调心滚子轴承的径向游隙？

对轴承的径向游隙国家有统一的检测标准（GB/T 25769），调心滚子轴承的径向游隙通常采用塞尺来测量，具体的测量步骤是：

① 将轴承竖起合拢，使轴承的内圈与外圈端面平行，不能有倾斜，如图 2-10 所示。将大拇指按住内圈并摆动 2～3 次，向下按紧，使内圈和滚动体定位入座。定位各滚子位置，使在内圈滚道顶部两边各有个滚子，将顶部两个滚子向内推，以保证它们和内圈滚道保持合适的接触。

图 2-10　轴承竖起合拢　　　　　　图 2-11　游隙塞尺选配

② 根据游隙标准选配好塞尺，如图 2-11 所示。选配的方法是：由轴承的内孔尺寸查阅

游隙标准中相对应的游隙数值，根据其最大值和最小值来确定塞尺中相应的最大和最小塞尺片。

③ 选择径向游隙最大处测量。轴承竖立起来后，其上部外圈滚道与滚子之间的间隙就是径向游隙最大处，如图 2-12 所示。

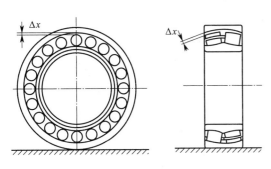

图 2-12　轴承径向游隙最大处

图 2-13　轴承径向游隙的测量

④ 用塞尺测量轴承的径向游隙。转动套圈与滚子保持架组件一周，在连续三个滚子上能通过，而在其余滚子上均不能通过的塞尺厚度为最大径向游隙测量值，如图 2-13 所示。在连续三个滚子上均不能通过，而在其余滚子上能通过的塞尺片厚度为最小径向游隙测量值。取最大与最小的算术平均值作为轴承的径向游隙。

2.1.7　滑动轴承主要有哪些类型？有何特点及应用？

(1) 主要类型　滑动轴承是工作时其轴套和轴颈的支承面形成直接或间接滑动摩擦的轴承。滑动轴承的类型较多，一般按其承受载荷的方向不同，可分为径向滑动轴承、推力滑动轴承、径向推力滑动轴承。

按其滑动表面间摩擦状态不同，可分为流体摩擦滑动和非液体摩擦滑动轴承。流体摩擦滑动轴承又分为流体动压润滑轴承和流体静压润滑轴承。

(2) 滑动轴承的特点　滑动轴承工作时其工作面间一般是以面接触，因此承载能力大，且轴承工作面间的油膜有减振、缓冲和降噪的作用，因而工作平稳、噪声小。轴承的摩擦系数小，磨损轻微，回转精度高，寿命长，结构简单，径向尺寸小。

(3) 滑动轴承的应用　滑动轴承的应用是比较广泛的，它主要用在高速轻载或低速重载的场合；或必须采用剖分结构的轴承；或承受巨大冲击和振动载荷的轴承；要求径向尺寸特别小以及特殊工作条件的轴承。

2.1.8　滑动轴承结构和工作原理怎样？

(1) 结构组成　滑动轴承一般由轴承座、轴瓦、润滑装置和密封装置组成，图 2-14 所示为径向滑动轴承结构。

(2) 滑动轴承的工作原理　当滑动轴承处于静止状态下时，轴颈位于轴瓦的下部并与轴接触，此时轴瓦与轴颈的中心在同一垂直线上，其偏心量为零。图 2-15 所示为滑动轴承的工作原理。当轴转动时，轴颈与轴承之间产生摩擦，由于润滑油的黏附性，润滑油被带入轴颈与轴瓦楔形间隙之中，油在这个楔隙中产生油压。油隙渐窄的部位油压较大，这个油压可将轴颈渐渐托起，使它在油膜上悬浮、旋转，从而避免金属的直接接触。由于油压分布不均匀，而且在轴颈与轴瓦间必须有一个楔形间隙，所以这时轴颈中心不在轴承中心，而是在其斜下方。

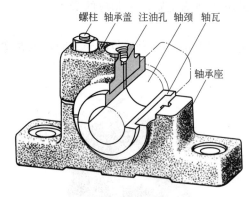

图 2-14　径向滑动轴承结构

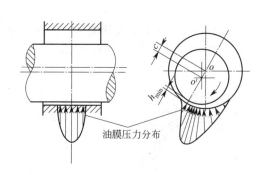

图 2-15　滑动轴承的工作原理

油膜的形成受转速、油的黏度、轴承间隙及载荷等多种因素的影响。转速越高,被带入楔隙的油越多,油膜的压力越大,故其承载能力也越大。而油的黏度越高,带入的油量也越多,承载能力也越大,但油的黏度增大了摩擦,导致发热,从而使油温升高,又会使油的黏度降低。

轴瓦与轴颈的间隙应适当,过大则降低轴承承载能力及旋转精度,且油膜容易振动。间隙过小,发热较多,且油膜压力无法平衡负荷,导致合金层烧毁。轴颈与轴瓦的接触应大于 $60\sim70℃$。

对于止推轴承,其工作原理如图 2-16 所示。静止时瓦片工作面与推力盘互相平行,这时平行面中的油层不能承受推力。当轴转动后,可将附着在推力盘上的油层带入推力盘与瓦片之间的间隙中,形成油膜。当有轴向力时,间隙中油膜就受到压力并传给推力瓦片。由于瓦片的支点不在中心,所以油压将推力瓦压成倾斜状,这样推力盘与瓦片之间就形成油楔,产生油压以平衡轴向力,从而避免推力盘与瓦片直接摩擦。

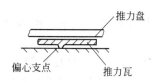
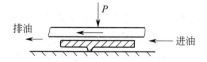
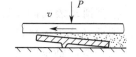

图 2-16　止推轴承工作原理

2.1.9　滑动轴承轴瓦结构怎样? 如何调整轴瓦的紧力?

(1) 轴瓦的结构　轴瓦是滑动轴承的重要零件,轴承体采用轴瓦是为了节约贵重材料和便于维修。轴瓦的结构有整体式和剖分式两种,如图 2-17 所示。

(a) 整体式轴瓦

(b) 剖分式轴瓦

图 2-17　轴瓦的结构

整体式轴瓦通常称为轴套，轴套又可分为光滑轴套（一般不带油槽）和带纵向油槽的轴套两种。光滑轴套结构简单，主要用于轻载、低速或不经常转动的场合，带纵向油槽的轴套，便于向工作面供油，应用较广泛。

剖分式轴瓦由上、下两半轴瓦组成，通常下轴瓦承受载荷，上轴瓦不承受载荷，但上轴瓦开有油槽和油孔，便于润滑。为了防止轴瓦在轴承座中发生轴向移动和周向转动，轴瓦必须有可靠的定位和固定。

轴瓦上油孔和油槽开设时，一般油槽的轴向长度要比轴瓦长度短，且大约是轴瓦长度的80%，不能沿轴向完全开通，以免油从两端大量泄失，影响承载能力；油孔和油槽不能开在承载区，以免降低油膜的承载能力。

（2）轴瓦紧力调整 一般要求轴瓦的紧力在 0.02～0.04mm，如果紧力不在此范围，则应用增减轴承盖与轴承座接合面处的垫片的方法进行调整。轴瓦紧力的测量一般采用压铅法，即用软铅丝分别放在轴瓦的背上和轴承盖与轴承座的接合面上，均匀上紧螺栓，测出软铅丝的厚度，再计算出轴瓦紧力：

$$A = \frac{b_1 + b_2}{2} - a$$

式中　A——轴瓦紧力；

　b_1、b_2——轴承盖与轴承座之间的软铅丝压扁后的厚度；

　　a——上轴瓦背上的软铅比压扁后的厚度。

2.1.10 滑动轴承的轴瓦应如何检修？

滑动轴承轴瓦的检修，主要可按下列步骤进行：

① 检查合金层与底瓦贴合牢靠与否，有无裂纹与孔洞（小锤轻敲、听声音）。

② 检查轴瓦与轴承座的接触面积，通常要求上轴瓦接触面占 40%，下轴瓦占 50%。接触面积的接触点为 1～2 点/cm² 为宜。

③ 检查轴瓦与轴的接触角应在 60°～90°，最大不超过 100°。在接触角内接触点要求在 2～3 点/cm²。

④ 检查轴瓦的间隙。通常侧隙为顶隙的 1/2。

⑤ 整轴瓦的紧力。

2.1.11 设备中减速器的作用与结构如何？减速器有哪些类型？

（1）减速器的作用 减速器是指原动机与工作机之间独立封闭式传动装置，用来降低转速并相应地增大转矩。

（2）减速器的结构 主要由齿轮（或蜗杆）、轴、轴承、箱体等组成，如图 2-18 所示。箱体必须有足够的刚度，为保证箱体的刚度及散热，常在箱体外壁上制有加强肋。为方便减速器的制造、装配及使用，还在减速器上设置一系列附件，如检查孔、透气孔、油标尺或油面指示器、吊钩及起盖螺钉等。

图 2-18　减速器结构

（3）减速器的类型 减速器的种类很多，常用的减速器按其传动及结构特点大致可分为齿轮减速器、蜗杆减速器和行星减速器三类。

齿轮减速器按齿轮形状分主要有圆柱齿轮减速器、圆锥齿轮减速器和圆锥-圆柱齿轮减速器三种；按减速齿轮的级数可分为单级、二级、三级和多级减速器几种；按轴在空间的相互配置方式可分为立式和卧式减速器两种；按运动简图的特点可分为展开式、同轴式和分流式减速器等。

蜗杆减速器主要有圆柱蜗杆减速器、圆弧齿蜗杆减速器、锥蜗杆减速器和蜗杆-齿轮减速器等。按蜗杆的级数分有一级蜗轮蜗杆减速器、二级蜗轮蜗杆减速器、二级蜗杆-圆柱减速器等。

行星减速器主要有渐开线行星齿轮减速器、摆线针轮减速器和谐波齿轮减速器等。

2.1.12　齿轮减速器的工作原理怎样？有何特点？

（1）工作原理　齿轮减速器工作时，是通过动力源（如电机）或其他传动机构的高速运动，通过输入齿轮轴上小齿轮与输出轴大齿轮的相互啮合传到输出轴，而输出运动与动力。在齿轮啮合时，由于输入齿轮轴的轮齿与输出轴上大齿轮啮合，而输入齿轮轴的齿轮的轮齿数少于输出轴上大齿轮的轮齿数，根据齿数比与转速比成反比，当动力源（如电机）或其他传动机构的高速运动通过输入齿轮轴传到输出轴后，输出轴便得到了低于输入轴的低速运动，从而达到减速的目的。

（2）齿轮减速器的特点　单级圆柱齿轮减速器的最大传动比一般为8～10，做此限制主要是为避免外廓尺寸过大。要求传动比大于10时，就应采用二级圆柱齿轮减速器。二级圆柱齿轮减速器应用于传动比在8～50范围内，高、低速级的中心距总和为250～400mm的情况下。三级圆柱齿轮减速器用于要求传动比较大的场合。圆锥齿轮减速器和二级圆锥-圆柱齿轮减速器，用于需要输入轴与输出轴成90°配置的传动中。因大尺寸的圆锥齿轮较难精确制造，所以圆锥-圆柱齿轮减速器的高速级总是采用圆锥齿轮传动以减小其尺寸，提高制造精度。齿轮减速器的特点是效率高、寿命长、维护简便，因而应用极为广泛。

2.1.13　蜗轮蜗杆减速器的结构、工作原理怎样？其特点与适用范围如何？

（1）结构及工作原理　蜗轮蜗杆减速器主要由蜗轮、蜗杆、箱体等组成，如图2-19所示，其中蜗杆采用合金钢锻件，具有很强的承载能力；蜗轮采用青铜材料离心浇铸制成，耐磨性能好，承载能力较强。

图2-19　蜗轮蜗杆减速器结构

蜗轮蜗杆减速器工作时，首先是由电机带动蜗杆转动，使螺旋线运动带动蜗轮旋转实现减速和获得合理的扭矩力。

（2）特点　蜗杆减速器的特点是在外廓尺寸不大的情况下可以获得很大的传动比，同时工作平稳、噪声较小，但缺点是传动效率较低。蜗杆减速器中应用最广的是单级蜗杆减速器。具有反向自锁功能，可以有较大的减速比，输入轴和输出轴不在同一轴线上，也不在同一平面上。但是一般体积较大，传动效率不高，精度不高。单级蜗杆减速器根据蜗杆的位置可分为上置蜗杆、下置蜗杆及侧蜗杆三种，其传动比范围一般为10～70。设计时一般应尽可能选用下置蜗杆的结构，以便于解决润滑和冷却问题。

（3）应用范围　蜗轮蜗杆减速器适用范围主要是：

① 高速轴转速不大于1500r/min。

② 齿轮传动圆周速度不大于20m/s。

③ 工作环境温度为-40～45℃，如果低于0℃，启动前润滑油应预热至0℃以上，减速器一般可用于正反两个方向运转。

2.1.14 圆柱齿轮减速器应如何安装？

圆柱齿轮减速器的安装主要是齿轮传动装置的安装，其安装步骤可分为以下几步：

（1）安装前的准备　仔细检查待装齿轮的表面以及轴和齿轮孔配合表面的尺寸、粗糙度、形状等是否符合图纸要求。如果齿轮和轴是键连接时，应检查键槽、键的有关配合尺寸、粗糙度是否符合要求。

（2）安装齿轮　一般齿轮孔与轴的配合采用过渡配合 H7/h6，并用键销连接和固定。因此装配过程中施加的力不是很大，但要防止四种不正确的情况，如图 2-20 所示。图 2-20（a）表示齿轮的孔加工不正确（喇叭形），故与轴配合得不紧密，会发生左右偏摆的现象；图 2-20（b）表示齿轮的中心线和轴的中心线不同轴（有偏心距 P）。这时，齿轮运转就会产生径向跳动，使啮合两齿轮的中心距时大时小地变动，因而在一个回转中，就有冲击声发生；当偏心距 P 过大时，还可能有偶然咬住的现象；图 2-20（c）表示齿轮在轴上装成歪斜（有偏斜角 α）。这时，齿轮运转就会产生端面跳动。当齿轮在啮合时，作用力集中在齿面的局部地方，因而使该处的齿面磨损加快；图 2-20（d）表示齿轮没有装到轴肩（有差距 a）。当齿轮在啮合时，齿面有一部分外露而没有参加工作。因此，应重新卸下齿轮，将齿轮轮毂与轴肩加工以后，再装上去。

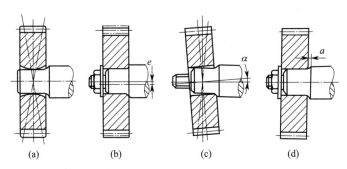

图 2-20　齿轮在轴上不正确的装配

（3）安装轴承　将轴承安装妥当。

（4）安装齿轮箱　把装好齿轮和轴承的轴装入齿轮箱，先安装最低转速的轴，然后依次装入较高转速的轴。

（5）安装质量检查　在安装过程中，必须对两啮合齿轮的中心距、轴线的平行度、啮合间隙和啮合接触面等进行检查。

① 中心距的检查　在齿轮轴装入齿轮箱中以前，可以用特制的游标卡尺来测量两轴承座孔的中心距，也可以利用检验心轴和内径千分尺（或游标卡尺）来进行测量。

② 轴线的平行度检查　检查前，先将齿轮轴或检验心轴放置在齿轮箱的轴承座孔内，然后用内径千分尺来测量 X 轴方向上的平行度，再用水平仪来测量 Y 轴方向上的平行度。

③ 啮合间隙的检查　齿轮啮合间隙的功用是储存润滑油、补偿齿轮尺寸的加工误差和中心距的装配误差，以及补偿齿轮和齿轮箱在工作时的热变形和弹性变形。一般正常啮合的圆柱齿轮的顶间隙 $C_0 = 0.25m$（m 为模数）。

④ 啮合接触面积的检查　齿轮工作表面的接触是否正确可用擦光法或涂色法检查。对 7 级精度的齿轮，可根据金属被挤压擦光的亮度来检查；对 8 级精度的齿轮，可采用擦光法或涂色法来检查；对 9 级精度的齿轮，则用涂色法检查。在检查时用小齿轮驱动大齿轮（用涂色法时，将颜色涂在小齿轮上），将大齿轮转动 3～4 转后，则金属的亮度或涂色的色迹（斑

点）即显示在大齿轮轮齿的工作表面上。根据色迹可以判断齿轮装配的正确性。

2.1.15 圆柱齿轮减速器安装时应如何判断齿轮装配的正确性？

圆柱齿轮减速器安装时装配的质量会影响减速器工作时载荷分布的均匀性及磨损的均匀性。圆柱齿轮装配时所产生的各种偏差都会使齿轮啮合不正确。通常判断齿轮装配的正确性与否的方法是：

① 圆柱齿轮要有正确啮合，正确啮合时，即中心距和间隙正确。如图 2-21（a）所示，则其接触面积的位置必然均匀地分布在节线的上下，接触面积的大小应符合相应标准规定数值。如果中心距过大，如图 2-21（b）所示，则啮合间隙就会增大，啮合接触面积的位置偏向齿顶，因而齿轮在运转时将会发生冲击和旋转不均匀的现象，并使磨损加快。如果中心距过小，如图 2-21（c）所示，则啮合间隙就会减小，啮合接触面积的位置偏向齿根，因而齿轮在运转时将会发生咬住和润滑不良的现象，同时也会加快磨损。

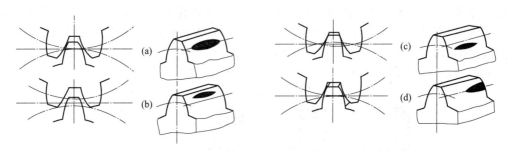

图 2-21　圆柱齿轮的几种啮合情况

② 轴线要平行。如果中心距正确，而轴线不平行，如图 2-21(d) 所示，则啮合间隙在整个齿长方向上是不均匀的，啮合接触位置就会偏向齿的端部，因而齿轮在运转时也会发生咬住和润滑不良的现象，同时还会因齿轮轮齿局部受力而很快被磨损或折断。

③ 偏差校正。当装配出现偏差时，可采用改变齿轮轴线位置、刮削轴瓦和加工齿形等方法进行修复。

2.1.16 蜗轮蜗杆减速器有何安装要求？装配过程中应如何进行检查？

（1）蜗轮蜗杆安装的主要质量要求　蜗轮蜗杆安装要求两轴中心距应符合要求，两轴应垂直；保证两齿面间的间隙应在 $0.2m \sim 0.3m$ （m 为模数）；两齿啮合的接触面积符合规定要求；保证轴承、密封良好。

（2）装配中的检查　蜗轮蜗杆装配过程中应严格进行下述各项检查：

① 轴心线交角和中心距的检查。轴心线交角检查时先在蜗杆和蜗轮轴的位置上分别装检验心轴，再将摇杆的一端套在心轴上，其另一端固定一只千分表。然后摆动摇杆，用千分表分别测出心轴两测量点的读数，这两个数值应该相同。

② 蜗轮中间平面偏移量的检查。一般可用样板进行检查，检查时先将样板的一边轮廓紧靠在蜗轮两侧的端面上，然后用塞尺测量样板与蜗杆之间的间隙 a。若两侧所测得的间隙值相等，则说明蜗轮中间平面没有偏移，即装配正确。

③ 啮合间隙的检查。啮合间隙检查可采用直接测量法，测量时先把千分表的量头直接触到蜗轮齿面并与齿面相垂直，然后使蜗杆固定不动，而微微地左右转动蜗轮，便可以从千分表上直接读出蜗轮和蜗杆齿面之间的啮合侧间隙 C_n。

④ 啮合接触面积的检查。常用的检查方法是涂色法。检查时，先在蜗杆的工作表面上

涂一层薄薄的颜料，然后使其与蜗轮啮合，并慢慢地正反转动蜗杆数次。这时在蜗轮的齿面就有色迹，依据色迹分布的位置和面积大小即可判断啮合的质量。

⑤ 灵活性检查。蜗轮蜗杆装配完毕后，应检查其灵活性，即当蜗轮处在任何位置时，旋转蜗杆所需的力矩应该相等，轻快自如。

2.1.17 摆线针轮行星减速器的结构怎样？有何特点？

（1）摆线针轮行星减速器的结构　摆线针轮行星减速器主要由行星架、行星轮、针轮和输出机构等四部分组成，如图 2-22 所示。行星架（转臂）由主动轴和双偏心套组成，偏心套上的两个偏心方向互成 180°。行星轮（摆线轮）的齿形一般为短幅外摆线的等距曲线。按照运动原理，一个摆线轮就可以传动，但为使主动轴达到静平衡和提高承载能力，常采用两个完全相同的奇数齿的行星轮，分别装在双偏心套上。摆线针轮由装在壳体上的圆柱销和该圆柱销上所装套筒组成。摆线针轮行星减速器的输出机构的运动类似于平行四杆机构，从而保证摆线轮（行星轮）与输出轴之间的传动比等于 1 的平行轴间的传动。

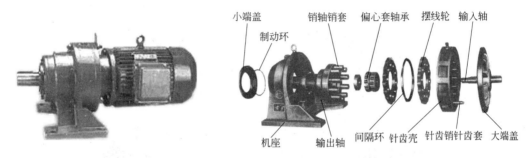

图 2-22　摆线针轮行星减速器的结构

（2）特点　摆线针轮行星减速器具有体积小、重量轻（体积与重量约为普通减速器的 1/2～1/3）、传动比范围大、效率高、工作可靠、寿命长、运转平稳及过载能力大等优点，在机械设备中的应用越来越普遍。一般多用于高速轴转速不高于 1500～1800r/min，传递功率不大于 100kW 的场合。

2.1.18 摆线针轮行星减速器装配有何要求？装配过程中应注意哪些问题？

（1）装配质量要求　针齿壳两端面的针齿销孔同轴度公差值应为 0.03mm，针齿销孔轴心线对针齿壳两端面垂直度公差值应为 0.015mm。摆线轮轴向间隙应为 0.2～0.25mm。偏心套内径与外径的公差值应为 0.015mm。

（2）装配过程中应注意的问题　摆线轮应按标记正确安装。为保证连接强度，紧固环和输出轴配合应采用温差法，不宜直接敲装。销轴装入输出轴销孔，可采用温差法。装配后，销轴与输出轴轴心线的不平行度公差，在水平方向≤0.06/100mm；垂直方向≤0.06/100mm。

2.1.19 联轴器的作用是什么？联轴器的结构如何？有哪些类型？

（1）联轴器的作用　联轴器属于机械通用零部件范畴，是用来连接不同机构中的两根轴（主动轴和从动轴）使之共同旋转以传递扭矩的机械零件。在高速重载的动力传动中，有些联轴器还有缓冲、减振和提高轴系动态性能的作用。一般动力机大都借助于联轴器与工作机相连接，是机械产品轴系传动最常用的连接部件。

（2）联轴器的结构　联轴器由低惯性轮毂和直线轮毂两半部分组成，分别与主动轴和从动轴连接，结构如图 2-23 所示。

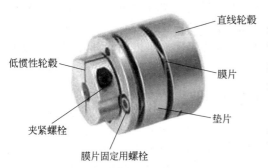

图 2-23 联轴器的结构

（3）联轴器的类型　联轴器按用途不同可分为联轴节和离合器这两大类。联轴节又名靠背轮、对轮或接手等。它是用来牢固地把轴连接在一起的一种部件。离合器也是用来连接两根轴的，但是它可以在主动轴工作的情况下，即在运转中使两根轴随时脱开或连接起来。因此，使用离合器可以在原动机一直工作的情况下，随时启动或停止被动机。

联轴节可分为固定式和可移动式两大类。固定式联轴节所连接的两根轴的旋转中心线应该保持严格的同轴；可移动式联轴节则允许两轴的旋转中心线有一定程度的偏移。

常用联轴器有齿式联轴器、滑块联轴器、十字滑块联轴器、万向联轴器及滚子链联轴器，如图 2-24 所示。

十字滑块联轴器

滑块联轴器

齿式联轴器

万向联轴器

滚子链联轴器

图 2-24　联轴器的类型

2.1.20　联轴节装配找正时应如何进行测量？

联轴节装配时，必须要找正，找正时的测量步骤为：

① 利用直尺及塞尺测量联轴节的径向位移和利用平面规及间隙测量联轴节的角位移。一般主要用于精度要求不高的粗糙的低速机器。

② 利用中心卡及塞尺测量联轴节的径向间隙和轴向间隙（或利用中心卡和千分表测量联轴节的径向间隙及轴向间隙）。一般主要用于需精确找正中心的精密机器和高速机器。利用这两种方法进行测量时，常采用一点法。所谓一点法就是指在测量一个位置的径向间隙时，同时又测量同一个位置上的轴向间隙。测量时，先装好中心卡，并使两半联轴节向着相同的方向一起旋转，使中心卡首先位于上方垂直的位置（0°）；然后用塞尺（或千分表）测量出径向间隙和轴向间隙；最后将两半联轴节顺次转到 90°、180°、270° 三个位置上，分别测量出其径向间隙和轴向间隙。

③ 比较对称点上的两个径向间隙和轴向间隙的数值，若对称点的数值相差不超过规定的数值，则认为符合要求，否则要进行调整。调整时通过采用在垂直方向加减主动机的支脚垫片或在水平方向移动主动机位置的方法来实现。对于精密和大型的机器，为了调整准确和

迅速，在调整时，可通过计算来确定应加或应减垫片的厚度和左右的移动量。

2.2 塑料配混设备安全使用疑难处理实例解答

2.2.1 新购配混设备开箱检查与验收应注意哪些方面？

（1）设备的开箱检查　一般中小型设备基本上均由制造厂经过试运转后整体装箱发运到用户。安装前，设备应进行开箱检查。设备开箱检查应注意以下几方面：

① 开箱前，应将箱板上的灰尘、泥土和污物清理干净。如发现箱体破损，应检查是否损坏设备，必要时应与设备运输部门进行交涉。如一时难以判明箱体及设备是否损伤，应在开箱前拍照留证。

② 开箱时，先开箱顶，查明情况后再拆四面的箱板，并应将箱板立即移远些，以免箱体上钉子刺伤手足。开箱过程中要注意安全，并尽量减少箱板的损坏，对不能受震动的设备，开箱时更要特别注意。

③ 开箱后，应按装箱单逐一清点设备的零件、附件并仔细查看说明书和合格证是否齐全，零件和附件是否有损坏和锈蚀的地方，并及时做好开箱记录。

（2）设备的验收　开箱检查时，要核实设备的名称、型号和规格，必要时应对照设备图纸进行检查。对于外观质量的问题，除填入记录单中外，还要进行研究和处理。经检查验收的设备及其零部件应妥善保管。

2.2.2 配混设备在安装和使用维护中应如何进行清洗、除锈与脱脂？

（1）设备的清洗　设备在安装和使用维护中，要适时进行拆卸、清洗、装配等工作。清洗工作就是清除和洗净设备各零部件加工表面上的油脂、污垢和其他杂质，并使各零部件的表面具有除锈能力。

清洗的步骤可分为：初洗（或称粗洗）、细洗（或称油洗）和精洗（亦称净洗）等三步。初洗主要是去除设备上的旧油、污泥、漆片和锈层，旧油和污泥一般用软金属、竹片等刮具刮掉。粗加工面上的漆层可用铲刮，精加工面上的漆层用溶剂洗。细洗是对初洗后的机件用清洗油将渣子等脏物冲洗干净。精洗是用洁净的清洗油清洗，也可用蒸汽或压缩空气吹一下，再用油洗。

对机械设备上的油管、油孔的清洗，可在铁丝上绑浸有煤油的布条，往复拉几次，直到干净为止，最后再用清洁布条通一下，然后用压缩空气吹一吹，待出口端吹出的空气干净后，再用干净的汽油冲洗。

设备中的滚动轴承，在设备组装时一般都加有润滑脂，有的滚动轴承因存放时间长，原有的润滑脂已变质失效；有的则因密封不严而沾有灰尘，故需清洗。滚动轴承清洗时，一般先用软质刮具将原有的润滑脂刮除，然后进行浸洗或热油冲洗，最后以煤油或汽油冲洗，有条件时还可用压缩空气吹除一下。应特别注意的是：擦洗轴承时，可使用棉布、丝绸布或泡沫塑料，禁止使用棉纱。

机械零件的清洗剂主要有汽油和煤油，也可采用轻柴油、机械油、汽轮机油、变压器油、化学水清洗液、碱性清洗液和清洗漆膜溶剂等。汽油一般是最佳的清洗液，它对油脂、漆类有较强的去除能力。煤油也是常用的清洗液，但其清洗能力不及汽油强。煤油中含有水分，酸值高、化学稳定性差，清洗后若不及时擦净，会使金属产生锈蚀。所以，精密零件一般不宜用煤油作为最后一道工序的清洗，而应采用汽油。

（2）设备的除锈　设备或零件因停产过久或存放不当会导致生锈，如果不及时进行除锈，轻者影响设备的正常运行，重则导致零件或设备报废。因此，在机械设备维修中应对设备及零件的锈蚀足够重视。设备零件的除锈方法主要有手工除锈、机械除锈和化学除锈三大类。

① 手工除锈　手工除锈常用的工具有钢丝刷、金属与非金属刮刀、砂布、锉刀及研磨膏等。钢丝刷一般用于非加工表面除锈，多用于中等以上程度的除锈。非金属刮刀多用木片、竹片、胶木板等制成，用于去除金属面上的浮锈效果较好，其由于对金属零件无伤害，可用在零件精加工表面的除锈上。金属刮刀因有损于零件表面的加工质量，一般用于粗糙表面的厚层除锈。砂布、锉刀除锈主要用于不重要的加工面和非配合的加工面除锈上，但不能用于导轨面、滑动面等除锈中。研磨膏（或研磨粉）用来除精密零件表面上的锈迹。

② 机械除锈　主要采用电动钢丝刷和喷砂除锈机除锈。前者作用与手用钢丝刷相同。喷砂除锈多用于面积大、表面形状简单的容器、管道等的除锈。

③ 化学除锈法　设备零件常用的化学除锈法是酸洗，其用来去除零件表面的较重锈蚀。金属零件的酸洗，常使用稀释的盐酸和硫酸，加少量的盐（氯化钠）。酸的加入量一般为水重的 5%。温度升高可使酸洗能力得到增强，但在实际操作中，盐酸的温度不宜高于 40℃，硫酸的温度不宜高于 80℃。当操作温度过高时，金属溶蚀量加强，容易使材料的韧性和塑性降低，而脆性和硬度增加。酸洗后，要用氢氧化钠或碳酸钠稀溶液进行中和，然后用热水洗涤，使其完全达到中性，最后擦干备用。

（3）设备零件的脱脂　将设备或零部件上的油脂彻底去除的操作，称为脱脂处理。脱脂处理的目的是防止因化学药品对油脂的特殊敏感性而导致零件损坏，如浓硝酸等遇油而发生爆炸。

常用的脱脂剂有：二氯乙烷、二氯乙烯、四氯化碳、工业乙醇、碱性清洗液等。每种脱脂剂各有其适应性，使用时要慎重选用。

2.2.3　塑料制品生产过程中主要存在哪些不安全因素？

在塑料制品生产中难免存在着一些不安全或危及人身和设备的因素，如果不对这些因素加以重视并及时消除，就有可能导致事故发生。这些不安全的因素归纳起来可有如下几个方面：

（1）粉尘和毒物的危害　塑料制品加工工业中使用的原材料有许多是粉状物质，在这些粉状原料的运输、开包、上料、筛选、拌和等过程中，易产生粉尘，造成环境和健康危害。塑料原料和辅料中还有一些可能含有有毒物质，如酚醛树脂、环氧树脂、聚氯乙烯树脂及其助剂等。在加工过程中，它们能挥发出一些有害气体，当其在空气中的含量超过一定量后，就会造成人身中毒。

（2）高温和噪声的危害　塑料在混炼、混合等过程中，需要高温高热，其中部分热量向周围空间散发，可危害操作者健康。设备运转的噪声，如粉碎机、注射机、塑料压制机等，设备的噪声较大，特别是维修保养不良的设备则会加剧传动部位发出噪声，有的可高达100dB，对人员造成噪声危害。

（3）触电　由于电气设备、电线维修检查保养不良，造成线路绝缘老化、漏电，接地或接地保护失效，造成操作人员不慎触电伤亡。

（4）机械致伤　在塑料机械的各种运动部位，如注塑成型机、吹塑机等的合模部位，压延机和开炼机的滚压部位均易产生轧伤事故，尤其以注射成型机模具发生轧手事故居多。

（5）爆炸和火灾　在塑料制品中使用的原料，有的粉尘物或蒸气与空气混合后可形成爆炸性混合物。如果在空气中的浓度达到爆炸极限后，则会因遇到火种（明火、电火花、静电火花、电焊弧等）而引起爆炸燃烧，造成火灾事故。而许多塑料制品在燃烧过程中还会放出大量毒气，故在灭火时，还要特别留心，防止中毒。

2.2.4　塑料配混设备操作中产生安全事故的原因主要有哪些？

在塑料配混设备的操作运行中，导致发生事故的原因是多方面的，概括起来可分为直接原因和基本原因两类。

（1）导致事故发生的直接原因　导致事故发生的直接原因主要有机械或物质的直接原因和人为的不安全操作构成的原因等两种。

机械或物质的直接原因是指配混设备运转部位无安全防护装置或防护装置有缺陷、不适当；配混设备本身在设计或构造上不符合安全操作要求；危险的设备装置排列或设备超载，如物料堆积储藏堵塞操作通道、辅助装置排列混乱、设备过负荷超载运行等；设备操作的照明不足，如亮度不够或光线源位置不当等；通用设备不安全，如通风系统布置不当或风量不足等。

人为的不安全操作导致事故的直接原因是指操作人员着装不安全、工作服不符合安全要求，未佩戴劳动保护用具；不按照设备操作规程和安全指令操作；人为地拆除设备安全装置或在安全装置失灵后未经修复便操作；使用不安全的用具或以手代替工具进行作业；操作位置或姿势不安全，精神不集中、走神或误操作等。

（2）导致事故发生的基本原因　导致事故发生的基本原因主要体现在两个方面：一是设备操作人员本身素质；二是生产管理或监督欠缺。这两个方面是构成设备操作事故发生的本质原因，是导致事故发生的根源所在。

塑机设备操作人员本身素质主要表现在心理素质不足：自负、懒惰、行为轻率、工作心不在焉和责任感低；生理素质不足：视力不佳、反应迟钝、生物节律不稳定和情绪波动大；缺乏安全操作知识，缺乏设备异常、故障的判断能力和事故应急处理能力。

生产管理或监督欠缺主要表现在生产管理不科学、设备安全操作无规程或生产中不按规程执行；生产安全及设备操作技术教育和训练流于形式，缺乏足够的安全生产及设备操作安全的教育及训练；对事故隐患的了解、调查和分析处理不当，无杜绝事故发生的措施及制度。

2.2.5　塑料配混设备安全用电的操作应注意哪些方面？

塑料配混设备的安全用电操作主要应注意如下几个方面：

① 定期检查各用电导线接头连接处，保证各线路紧密牢固连接。电路中各种导线出现绝缘层破损、导线裸露时，要及时维修更换。注意经常保持各线路中导线的绝缘保护层完好无损。线路中各部位保险丝损坏时，要按要求规格更换，绝对不允许用铜丝代替使用。

② 电源开关进行切断或合闸时，操作者要侧身动作，不许面对开关；动作要快，注意防止产生电弧，烧伤面部。

③ 电气设备进行检查维修时要先切断电源，再让电气专业技术人员进行检修。维修工作中，电源开关处要挂上"有人维修，不许合闸"标牌。

④ 电动机或加热器长时间停车后，可能会因潮湿而漏电，开车前应采取干燥措施。

⑤ 带电作业维修时（一般情况不允许带电维修），要穿戴好绝缘胶靴、绝缘手套，站在绝缘板上操作。

⑥ 设备上各种用电导线不允许随意乱拉，更不允许在导线上搭、挂各种物品。出现电动机发出烧焦味、外壳高温烫手、轴承润滑油由于温度高外流及冒烟起火等现象时，要立即停机。

⑦ 电动机工作转速不稳定，发出不规则的异常声响时，也应立即停止电动机工作，查找故障原因，进行维修。

⑧ 发生触电人身事故时，要立即切断电源。如果电源开关较远，应首先用木棒类非导

电体把电线与人身分开，千万不能用手去拉触电者，避免救护人与受害者随同触电。如触电者停止呼吸，要立即进行人工呼吸抢救或叫医护人员救助。

⑨ 设备上各报警器及紧急停车装置要定期检查试验，进行维护保养，以保证各装置能及时、准确、有效地工作。

2.2.6 塑料配混设备中电动机的安全使用应注意哪些方面？

电动机又称为马达或电动马达，是一种将电能转化成机械能、动能的装置，它可通过齿轮、皮带、链等传动方式来驱动其他装置产生旋转运动。在配混设备中通常由电动机来驱动工作部件如混合设备的桨叶、开炼机的辊筒、密炼机的转子对物料进行混合混炼。在配混设备生产操作中，对电动机的安全使用一般应注意以下几方面：

① 电动机应装设过载和短路保护装置，并应根据设备需要装设断相和失压保护装置。每台电动机应有单独的操作开关，这样保证电动机在发生故障时能及时停止工作。

② 采用热继电器作电动机过载保护时，其容量应选择电动机额定电流的100%～125%，这样才可以保证电动机在工作的时候是安全的。

③ 电动机的集电环与电刷的接触面不得小于满接触面的75%。电刷高度磨损超过原标准2/3时应换新，电刷不可将就着使用，一定要注意更换。

④ 直流电动机的换向器表面应光洁，当有机械损伤或火花烧伤时应修整，这样保证每次参加工作的机械都是健康的。

⑤ 当电动机额定电压变动在-5%～+10%的范围内时，可以额定功率连续运行；当超过时，则应控制负荷，不要让电动机的负荷过大。

⑥ 电动机运行中应无异响、无漏电、轴承温度正常且电刷与滑环接触良好。旋转中电动机的允许最高温度应按下列情况取值：滑动轴承为80℃；滚动轴承为95℃。

⑦ 电动机停止运行前，应首先将载荷卸去，或将转速降到最低，然后切断电源，启动开关应置于停止位置。

出现下列异常情况时，应立即停机进行故障排除。

① 电动机或启动器在使用过程中出现冒烟起火现象。

② 电动机工作时发生剧烈震动，威胁电动机安全运行。

③ 电动机工作过程中发出异常声响，出现内部撞击或扫膛现象。

④ 电动机工作时的温度超过允许额定值，如绝缘等级为B级的三相异步电动机在带负载运行状态下，其表面温度一般不超过80℃。

⑤ 电动机转速不稳，忽快忽慢，波动大。

2.2.7 什么是电击和电伤？在配混操作过程中出现人体触电事故应如何处置？

（1）电击与电伤　人体由于接触设备的带电部分，承受过高的电压而导致局部受伤和窒息的现象，称为触电。触电可根据伤害的方式分为电击和电伤两种。电击是指因电流通过人体而使身体内部器官受到烧伤的现象，这是最危险的触电事故。通常当人体内的电流超过10mA的交流电或50mA的直流电时，中枢神经便会受到损害，严重时可迅速导致心脏停止跳动。电伤则是指人体外部由于电弧或熔丝熔断时，飞溅的灼热金属末等造成的烧伤现象。

（2）人体触电事故紧急处置措施　在配混操作过程中出现人体触电事故时的紧急处置措施是：

① 发生触电时，首先应立即切断电源，或迅速用非导体将触电者与电源隔开，千万不可直接上前用手拉，也不可使用金属或潮湿的物体作工具，以避免救护人员随同触电。

② 对触电者采取急救措施，如触电者已停止呼吸，应立即施行人工呼吸并呼叫医生（或医院救护车）前来急救。

③ 若设备或电路有起火现象，最好用砂土灭火，若采用泡沫灭火器，一定要在电源切断后使用，迅速用不燃物盖住起火物以隔绝燃烧用氧，再用灭火器灭火。

2.2.8　塑料配混设备一般有哪些安全保护装置？

塑料的配混设备为保护设备及人身的安全，通常都设置有安全保护装置，如防护装置、保险装置、信号装置、危险牌示和识别标志等。

（1）防护装置　防护装置就是用屏护方法使人体与生产中的危险部分相隔离的装置。所谓生产中的危险部位，则是指设备在操作时可能触及的机器运转部分；加工材料碎屑可能飞溅出的地方；设备上容易触及的导电部分、高温部分及辐射热地带；工作场所可能导致操作者坠落或跌伤的部位等。

防护装置是隔离危险源的具体运用，对预防操作人员伤亡事故的发生起着重要的作用。因此，为了安全生产，在设备的设计、制造、安装、验收及操作使用中，都必须考虑必要的防护装置。

根据用途和工作条件的不同，防护装置的种类可分为很多种，但从构造上通常把它们分为简单防护装置和复杂防护装置两大类。简单防护装置有：在传动带、外露齿轮、电锯、电刨、联动轴、砂轮和飞轮上的防护罩；电气上的防护网；走道、池子的围栏、挡板等。这些都起到隔离的作用。复杂的防护装置是和机器设备之间带有机械的或电气的联系，或者与人体有联锁作用，即如果人不到达一定操作位置，机器就不能运转。此外，还有机械、电气的联锁安全防护装置（如挤出机超压防护等）。

所有的防护装置，在设计制作和应用时，必须使它的形状、形式、大小与设备被隔离和保护的部分相适应，应不妨碍操作者的操作。应教育设备使用人员爱护它，正确使用维护它，不得随意拆卸或弃置不用。设备检修人员应经常检查防护装置是否有效，发现问题应及时处理并做记录。

（2）保险装置　保险装置就是能够自动控制与消除生产中由于整个机器设备或部件的故障和损坏而发生的对人身的伤害和对设备的破坏的装置。

保险装置的结构和作用是根据设备运行中的薄弱环节和自动断电保护的原理来设计制造的。保险装置在效用上有的是可多次使用的，如安全阀、自动开关、卷扬限制器等。有的保险装置则只能一次使用，如自断销（剪切销）、保险丝（熔断器）、爆破片等。

保险装置必须正确安装，准确调整，精心维护，定期校验与检修，以保证其灵敏性、准确性和可靠性。

（3）信号装置　信号装置是根据刺激视觉、听觉引起注意的原理制造的装置，其通常是以光亮或声响信号来警告操作者预防危险和出现故障。信号装置本身并不能排除危险，它只是提醒人们注意危险，及时采取措施排除危险或故障。因此，它的效果还取决于设备操作者对信号装置的识别和判断能力。

信号装置一般可分为颜色信号（光亮信号）、音响信号（警报信号）和指示仪表三类。各种信号必须能在发生危险之前发出警告，现代设备的信号装置均可自动报警，由人工停止。对所有的信号装置，必须定期进行严格检查，以保证其能正确无误地反映设备运行的真实情况。尤其是在设备试运行或停机很长一段时间后，必须检验信号装置的工作可靠性。

（4）危险牌示和识别标志　设备的危险牌示应牢固地设立在明显易见的部位，牌示上的文字必须简短、含义明确，字迹应十分鲜明易认，如"危险！"、"有人检修不准合闸"等。

识别标志一般采用清晰醒目的颜色作区别，使操作人员能一目了然。通常以红色表示危险；黄色表示注意和提高警惕；绿色表示安全等。

2.2.9 塑料配混设备操作过程中对其操纵系统有何安全要求？

为了保证塑料配混设备操纵系统的正常运行，其必须符合如下安全要求：

① 操纵盘、开关、手柄、手轮、皮带移动装置应装在便于操作的位置，使操作者在工作时不必弯腰和垫足就能操作。

② 变速换向机构应有明显挡位和标志牌，挡位之间距离不要太近。

③ 为防止工作中误碰电钮而产生危险，应使电钮缩进操纵盘表面，或在按电钮周围装上保护环。为避免按错，应将作用不同的电钮采用下列不同颜色的塑料来制作。如：

停车按钮——红色

开车按钮——绿色

倒车按钮——黑色

为明显起见，停车电钮应放在明显顺手的位置，并可大于一般按钮，或在几处同时都装停车按钮，以便紧急时易于停车。

④ 装在轴杠顶端的手轮或手柄应能随时自动脱开，以免随轴旋转而伤人。

⑤ 对操纵系统要经常检查、保养、维修，以确保动作准确无误。

2.2.10 塑料配混设备操作过程中对其制动装置有何安全要求？

塑料成型机械的制动装置应能符合以下安全要求：

① 制动装置应灵敏可靠，在运转过程中应随时可以刹住惯性旋转，并能自动脱开，防止操作人员在没有完全停止运转的情况下用手操作或用手去制动运转机构而造成事故。特别是紧急制动装置，一般紧急制动时，工作部件不能超过 1/4 转。

② 设备的工作台（如开炼机辊筒等）、运动部件上行或平移运动超过一定限度会有危险时，都必须安装限位挡铁或限位安全开关，以防超越行程而发生事故。

2.3 塑料配混设备零件的磨损与失效疑难处理实例解答

2.3.1 何谓设备零件的磨损？零件磨损种类有哪些？

（1）磨损　通常把设备在工作过程中由于摩擦而导致零件表面物质不断损失的现象，称为磨损。磨损是塑料成型机械零件失效的普遍和主要的形式。在塑料制品的成型加工中，有75％的塑料机械零件是由于磨损而失效的。

（2）磨损的种类　根据磨损延续时间的长短，可分为自然磨损和事故磨损两类。

① 自然磨损　自然磨损是指机器零件在正常工作条件下，由于表面间的碰撞、啮合、分子间的吸引力、碎屑等引起的摩擦作用，在相当长的时间内逐渐积累的磨损，如图 2-25 所示。这种磨损的特点是：磨损量是均匀地、逐渐地增加的，不引起机器工作能力过早地或迅速地降低。由于这种磨损是一种不可避免的自然现象，或者说正常现象，故称其为自然磨损或正常磨损。零件的磨损可按其表面物质损失的不同机理分为如下四种类型，即黏着磨损、磨料磨损、点蚀磨损和腐蚀磨损。

黏着磨损是当黏着表面的黏着强度很高而材料本体的强度较低时，两接触表面发生相对运动的过程中，必然要发生撕裂。而撕裂可能在零件表面或一定深度处发生破坏，即形成黏

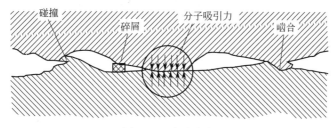

图 2-25　自然磨损

着磨损。黏着磨损按产生的条件不同，又可分为热黏着磨损和冷黏着磨损。在重载高速的条件下，由于磨损的结果，将产生大量的热量，当来不及散热，便会使摩擦表面温度升高，油膜遭到破坏，并使材料的强度降低和塑性增大，甚至发生局部熔化而形成较大面积的熔合和拉伤。磨损面间这种损坏过程即称为热黏着磨损。人们通常所说的"烧瓦"就是由这种磨损原因而造成的。摩擦表面在重载作用下，引起单传压力过大，即使在低速运转下的轴和轴承有时也会发生黏着磨损。这是由于接触面上的过大压力，引起较大的塑形变形和表面膜的破坏而形成了黏着的条件，这种情况下发生的黏着磨损则称为冷黏着磨损。

　　磨料磨损是最常见、最普遍的一种磨损形式。由于金属表面凹凸不平，摩擦副在相对运动过程中，沟纹之间互相碰撞，摩擦面间发生互相"切削"的现象，使凸出的部位损坏或脱落。脱落的金属碎屑夹在摩擦面间形成"磨料"，"磨料"对金属表面发生研磨，就加快了摩擦表面的磨损，这就是磨料磨损。"磨料"有时也可以是外来的或润滑油中含有的颗粒状机械杂质所致。

　　点蚀磨损是由于摩擦面的金属出现局部疲劳而引起的。当摩擦面承受周期性的重复负荷时，摩擦面的局部在多次重复负荷的作用下，其表面金属产生接触疲劳，出现小片金属脱落，即形成斑点性磨损，如齿轮的齿面、滚动轴承的滚珠（柱）表面等的磨损均属于点蚀磨损。

　　腐蚀磨损可分为氧化磨损和腐蚀介质磨损。氧化磨损是由于摩擦面的金属表层与进入的空气中的氧气作用，形成金属固熔体或金属氧化物，这些脆性的物质在摩擦面运动时脱落下来，即形成损坏，从而加速表面的磨损。当周围介质存在着腐蚀物质时，如润滑油中的酸度过高等，腐蚀产物在零件表面生成，又在摩擦中被磨去，如此反复交替进行而带来比氧化磨损高得多的物质损失。零件的这种磨损，即称为腐蚀介质磨损。

　　② 事故磨损　事故磨损是指机器零件在不正常的工作条件下，在很短的时间内产生的磨损。这种磨损的特点是：磨损量不均匀地、迅速地增加，引起机器工作能力过早地或迅速地降低，因此会突然引发机器或零件的损坏事故。

　　事故磨损是由于下列因素造成的：机器构造有缺陷；零件材料的质量低劣；零件的制造和加工不良；部件或机器的装配或安装不正确；违反机器的安全技术操作规程和润滑规程；修复零件不及时或质量不高；以及其他意外的原因等。在一般的情况下，当自然磨损达到一定的极限值后，没有及时地进行修理，是造成零件发生事故磨损的主要原因。

2.3.2　塑料配混设备中零件磨损有何规律？

　　塑料配混设备有多种设备和零件，由于各设备和零件的工作状况不同，其磨损类型也不同，磨损的规律也存在着很大的区别，但是它们之间仍然有着共同的变化规律。零件的磨损量与磨损类型、材料、工作条件（如工作时间、载荷、摩擦速度、有无润滑、润滑状态及周围介质等）等有关。

表面磨损量与机器工作时间有一定的内在规律性，其变化曲线如图 2-26 所示。零件磨损曲线可分为如下三个不同的阶段。

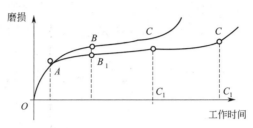

图 2-26　设备零件磨损曲线

（1）磨合阶段（曲线 OB 段）　由于机加工的工艺性，零件表面具有一定的粗糙度和微观不平度。在磨合开始时磨损非常急速，磨损曲线的斜率很大；当粗糙表面的凸峰逐渐磨平时，磨损的速度逐渐降低，直至磨损到一定程度时才趋向稳定，此阶段的磨损称为初期磨损。

（2）工作阶段（曲线 BC 段）　零件经过初期磨损后，其工作表面的金属凸峰部分已经被磨掉，凹谷部分被塑性变形所填平，从而使工作表面粗糙度很低，再加之润滑条件的逐步改善，磨损速度大大减缓，磨损量的增长率几乎不变，直至工作很长时间后，磨损的增长率才逐渐增大。

（3）事故性磨损阶段　随着磨损量的逐渐增加，配合面的间隙增大，再受到载荷分布不均、冲击、过热和漏油等因素影响，磨损将急剧增加，直至达到磨损极限（即零件与配合件不可能或不应该再继续使用时的磨损程度），将引起破坏性事故。

2.3.3　影响配混设备零件磨损的因素有哪些？

配混设备零件磨损的影响因素主要是工作条件、表面材质、润滑状况、工作温度、接触表面质量和安装修理质量等。

（1）零件的工作条件对磨损的影响　零件的工作条件包括摩擦类型（滑动、滚动等）、摩擦表面相对移动速度、摩擦时负荷的大小等三个方面：

① 摩擦类型的影响　不同的摩擦类型将引起金属表面薄层塑性变形的特性、表面的磨损过程及磨损类型的变化。作为塑料机械设备维护保养的主要任务显然是避免事故磨损，并延长自然磨损持续的时间。在滚动摩擦时，最后表现为疲劳磨损。在滑动摩擦时，最后可能导致黏着现象和氧化过程的发展。

零件摩擦表面间各种不同相对运动的性质，使表面的磨损分布也不同：当负荷的方向固定不变并作用在旋转的零件上时，旋转的零件受到均匀磨损，固定的零件受到局部磨损；当负荷作用在旋转的零件上，并以同一角速度随旋转零件一起旋转时，旋转零件受到局部磨损，固定零件受到均匀磨损。通常，局部磨损的发展速度比均匀磨损要快，因此，受局部磨损的零件其使用寿命也较短。

② 摩擦表面相对移动速度的影响　相对运动的速度对零件磨损的影响较为复杂。一般在干摩擦和边界摩擦中，当速度增大时，磨损速度在开始是增加的，但达到最大值后又开始减小，这种情况在淬火钢、铸铁和硬的青铜制造的零件中存在。

如图 2-27 所示，是零件在压力一定下改变滑动速度时钢对钢的摩擦副的磨损量与滑动速度关系。当零件滑动速度很低时，摩擦在表面氧化膜间进行，此时产生的磨损称为氧化磨损，磨损量较小，随着滑动速度的增大，氧化膜破裂，表面出现金属色泽并且变得粗糙，转化为黏着磨损，磨屑增大，磨损量也随之增大。当滑动速度再增高，由于摩擦加剧温度升高，表面重新形成氧化膜的概率增大，出现黑色 Fe_3O_4 粉末，又转化为氧化磨损，磨损量又变小。如果滑动速度再继续增大，则再次转化为黏着磨损，磨损剧烈，可导致机件失效。

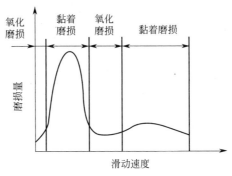

图 2-27　零件磨损量与滑动速度的关系

当摩擦表面为液体摩擦时，则相对运动速度的增大反而会使磨损减小。零件运动的速度对磨损影响最大是发生在机器启动和制动的时候，因为这时零件的运动速度突然改变，往往会发生边界摩擦、半干和半液体摩擦，甚至有可能发生干摩擦。所以，机器启动和制动的次数越多，零件的磨损也就越大。

③ 摩擦时负荷大小的影响　通常，单位面积的负荷增大会导致零件的磨损速度增加。因此，对重负荷条件下的转动零件摩擦面的润滑十分必要。

（2）零件表面层材料的性质对磨损的影响　零件表面层材料的性质对磨损存在较大影响，而材料的硬度、韧性、化学稳定性和孔隙度是影响磨损的主要因素。通常，增加硬度可以提高材料表面层的耐磨性；增加韧性可防止或减少磨粒的产生；增加化学稳定性可减少腐蚀磨损；增加孔隙度可蓄积润滑剂，从而减少机械磨损，提高零件的耐磨性。

（3）润滑对磨损的影响　在摩擦表面之间建立液体摩擦，可使摩擦系数降低到原来的几十分之一至几百分之一。在轴颈和轴承的滑动摩擦面之间建立液体摩擦的必要条件是：

① 润滑油的供应要充分，漏损要最小；

② 注油孔和油槽要开设在轴承的承载区以外，以防降低油楔的承载能力；

③ 润滑油的黏度和润滑性能要符合工作要求；

④ 轴颈的转速要足够高；

⑤ 轴颈和轴承表面应有最适宜的粗糙度；

⑥ 轴颈和轴承之间应有最适宜的配合间隙。

润滑状态对磨损值的影响也较大。边界润滑时，磨损值大于流体动压润滑，而流体动压润滑时的磨损值又大于流体静压润滑。润滑油脂中加入油性和极压添加剂能提高润滑油膜吸附能力及油膜强度，能成倍地提高抗黏着磨损能力。

（4）温度对磨损的影响

① 温度对摩擦副材料性能的影响　通常，金属的硬度随温度的变化而改变，温度越高，硬度就越低。因此，在不存在其他因素的干扰下，摩擦表面的黏着现象和磨损率随硬度降低而增加，也随温度增高而增加。故在高温条件下运转的轴承材料必须采用耐热和硬度高的金属。

② 强度对润滑剂性能的影响　若采用润滑油来润滑轴承，当运转温度升高时，就会引起润滑油的变质：起初是润滑油氧化，而后就是热降解。超过某一临界温度，有机流体在减

少磨损方面就不起作用。因此，在高温下以采用石墨和二硫化钼之类的固体润滑剂为宜。氧化和热降解引起润滑性能的变化是不可逆的。而在边界润滑时，采用固体润滑剂可获得最好的防护。如果这个固体润滑剂的温度升高至超过其熔点，则磨损率就会增加；但温度降低后，固体润滑剂又可提供防护。因此，其润滑性能是可逆的。如用来润滑金属表面的活性脂肪酸，在超过其熔点时由于形成金属皂膜层而具有良好的耐磨性。

（5）接触表面状态对磨损的影响　通常，微观不平度越小，对提高耐磨性有利。但若接触表面过于光滑，则可因润滑剂不能储存于摩擦表面内，反而促进黏着。故零件的最小磨损量并不是在表面最光滑的时候，在不同的负荷条件下接触表面的不平度应有适当值，以得到其最小磨损量。

（6）安装修理质量对磨损的影响　机器的安装修理质量对零件的使用寿命有较大的影响。如若齿轮和轴等相互配合的零件不同轴或装配得不好，或轴颈与轴承等相互配合的表面不平整等，都会加快零件的磨损。

2.3.4 在配混设备工作过程中减少零件磨损的措施有哪些？

配混设备零件的磨损会引起振动增大，使设备精度下降，从而使产品质量达不到规定的要求，因此设备工作过程中应尽量减少其磨损。通常减少设备零件磨损的措施主要从零件选材与使用条件以及零件制造与修复工作两大方面加以考虑。

（1）零件选材与使用条件方面的措施　零件选材与使用条件主要是指零件材料的性能、零件的润滑、工作温度、负荷与工作速度、零件表面状况的改善等。

① 在材料的性能方面的措施　由于材料的塑性变形容易导致黏着磨损，故塑性材料比脆性材料产生黏着磨损的倾向性较大。材料的硬度提高，塑性变形困难，因而能提高抗黏着能力。相同的材料，互溶性大，容易产生黏着和黏着磨损。采用表面处理工艺或获得非金属涂层，均可防止黏着磨损或提高抗黏着磨损能力。

② 在零件润滑方面的措施　润滑油的性能应与机械的工作特性相适应。在一定的条件下，润滑油的黏度增大，有利于液体润滑的建立，但随着黏度增高，流动性降低，在新的机械配合间隙较小的情况下和在运转的启动阶段，可能造成供油困难和不足，从而引起事故性损坏。对于工作状态变化较大的摩擦副，在润滑剂中加入油性剂，可以在零件表面形成坚实的油膜，在重载低速情况下有利于维持边界摩擦，避免发生严重的黏着磨损。

在不便采用常规润滑剂的高真空和高温工作状态下，可用固体润滑剂来减少磨损，利用粉末、薄膜或复合材料等代替润滑油脂来隔离相互接触的摩擦面。固体润滑剂都具有较低的剪切力，在金属表面上是机械附着或存在化学结合。

③ 在工作温度方面的措施　通常，随着温度的升高，油膜的厚度减小，当减小到一定程度时，即由液体摩擦转变为边界摩擦。当温度继续升高，达到 150～180℃ 时，边界膜即发生破坏，而向半干摩擦和干摩擦转变，使黏着磨损迅速加剧。因此，降低润滑剂的工作温度是减小零件磨损的一个措施，如采用循环油润滑重要运转部件等。

④ 在负荷和工作速度方面的措施　就滑动轴承而言，接触面上的压力增大到某一限度时，黏着磨损即迅速增大。使黏着磨损开始增大的压力限度，即为黏着磨损的临界载荷或黏着限。载荷的最大值受制于黏着限，滑动速度增大，可以增大油膜的厚度；转速较低时，会失去液体润滑而产生某种程度的黏着磨损。故当摩擦表面采用液体摩擦时，适当提高零件相对运动速度有助于减小磨损。

⑤ 零件表面状况改善方面的措施　适当改善表面粗糙度，可以增大接触面上的实际接触面积，从而避免接触点上可能出现的过大接触应力，有利于防止黏着磨损。但若粗糙度过

小，反而会使润滑油的积存困难，黏着磨损倾向增大。喷涂层、粉末合金和多孔镀铬层多孔的表面有利于储存润滑油。因而，在润滑不良的情况下能避免干摩擦，降低产生黏着磨损的程度。

（2）零件制造和修复工作中减少磨损　在塑料配混设备的制造和修复工作中，减少磨损和提高耐磨性的方法如下。

① 增加零件表面层材料的硬度。在零件材料中增加含碳量或加入合金元素，如铬、锰、钼、钒、磷等，但此法不是最经济的；用电镀、喷镀和堆焊的方法在零件表面上覆盖一层抗磨材料；利用表面淬火和化学热处理的方法来增加零件材料表面的硬度；利用机械强化法来增加表面层的硬度。如用喷砂法不但能使表面硬化，而且还可以提高耐疲劳的能力；在提高零件表面硬度时应注意过高的硬度往往会造成脆性，使材料颗粒易于剥落，所以必须使材料保持有足够的韧性。

② 选用减磨合金，如巴氏合金、青铜和耐磨铸铁等。

③ 选用非金属抗磨材料，如层压酚醛塑料、尼龙、聚酰亚胺、填充聚四氟乙烯等制造的轴承零件在具有强力散热装置的条件下，表现出极高的耐磨性。

④ 适当增加轴承材料的孔隙度，以保证润滑油的蓄集。如用细碎的金属屑或金属粉末压制成的所谓金属陶制轴套（孔隙度为 $10\%\sim50\%$），可作为良好的轴承材料。

对于减少机器零件的摩擦和磨损，一般应减少由摩擦阻力产生的能量损失和温升；通常工作中应对摩擦表面进行冷却，防止工作零件由于热变形而导致设备工作条件变坏。

2.3.5　塑料配混设备工作中润滑的机理是什么？

塑料配混设备工件时的润滑是在摩擦面间加入适量的润滑油，润滑油加入后，会在接触面之间形成一层油膜。一个完整的油膜是由边界油膜和流动油膜两部分组成的，如图 2-28 所示。边界油膜是由于润滑油的黏附性造成的，即润滑油在金属表面的附着力大于油本身的内聚力，同时润滑油中有许多"积极分子"，当它与金属表面接触时产生静电吸附，使润滑油牢固地在金属表面形成薄薄的油膜。这种油膜一般为 $0.1\sim0.4\mu m$ 厚，每平方厘米可以承载几千牛顿的负荷。流动油膜的形成有两种形式，一种是用泵将润滑油打进摩擦面强制形成流动油膜，叫静压润滑；另一种是靠润滑油本身的运动来产生油压，从而形成流动油膜，叫动压润滑。一般在高速、重载及重要的机械设备上多采用静压润滑。而动压润滑最常见的是在滑动轴承的润滑。流动润滑的摩擦系数很小，一般为 $0.003\sim0.01$。

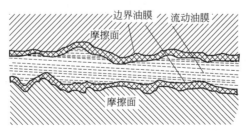

图 2-28　油膜

当摩擦面间仅能保持边界油膜而不能形成流动油膜时，称为边界润滑，边界润滑的摩擦系数为 $0.01\sim0.1$。当边界油膜被破坏，摩擦面中凸出的部分直接接触，则出现干摩擦。干摩擦的摩擦系数很大，为 $0.1\sim0.5$，有时会超过 1。此时，会出现零件严重磨损和烧伤等事故，应绝对避免。

当流动油膜厚度不能把两个摩擦面凸凹不平的沟纹完全盖住时，将发生局部干摩擦及边界摩擦，此时被称为半液体润滑，如图 2-29 所示。半液体润滑的摩擦系数在很大范围内（从干摩擦到流体润滑之间）变化。为了延长设备的使用寿命，保证设备的性能和精度不会过快降低，应尽量保持各摩擦表面处于流体润滑状态。

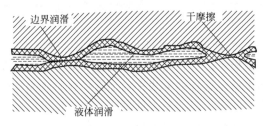

图 2-29　半液体润滑

2.3.6　塑料配混设备的润滑剂主要有哪些类型？各有何特点与适用性？

（1）主要类型　塑料配混设备的润滑剂主要有液体润滑剂、半固体润滑剂和固体润滑剂等几种类型。

（2）特点

① 液体润滑剂（润滑油）　液体润滑油的黏度较小，易于流动，加注方便，因此易于实现设备的自动润滑，润滑时形成的油膜比较薄，且对设备的污染小，还能带走部分的摩擦热。

液体润滑剂主要用于齿轮、轴承、轻载空压机以及精密机械的润滑。

② 半固体润滑剂（润滑脂）　润滑脂的非牛顿流体特性，使其能够在机械零部件运转的时候保持在原有位置。当温度升高和运动状态下，润滑脂就会变软以致成为流体而润滑零件的摩擦表面。当去掉外界的热和机械作用因素，又逐渐恢复到可塑状态并具有一定的黏附性。润滑脂主要由稠化剂、基础油、添加剂三部分组成。一般润滑脂中稠化剂含量为 $10\%\sim20\%$，基础油含量为 $75\%\sim90\%$，添加剂及填料的含量在 5% 以下。

润滑脂润滑的特点是：在润滑部位不需经常添加，减少了再润滑的需要，甚至完全不用再润滑，实现"终身润滑"，因此可以降低维修费用；润滑脂在摩擦表面有良好的黏附性，可以防止不经常使用的润滑部位的锈蚀；润滑脂在润滑部件上能起到密封作用，可有效防止灰分和水分的侵入；润滑脂不易泄漏，即使密封件破损，脂也不会立即流失殆尽；润滑脂能覆盖在摩擦副表面和充满摩擦副间隙，减小机械噪声和机械振动；润滑脂适用于高温、低速、冲击负荷等苛刻的操作条件；但润滑脂黏滞性强，启动力矩大，启动相对比较困难；散热性不好，流动性差，不能带走润滑部件在工作时产生的热量，必要时要配冷却装置；难以清除表面杂质并带走摩擦产生的磨屑；加注和更换不方便。

润滑脂主要用于转速不超过 3000r/min、温度不超过 115℃ 的滚动轴承及圆周速度在 4.5m/s 以下的摩擦副、重载荷的齿轮、蜗轮副及链、钢丝绳等，不适用于高速运转的零件润滑。

③ 固体润滑剂　固体润滑剂是指具有润滑作用的固体粉末或薄膜，它主要是依靠其晶体沿滑移面滑移起润滑作用。固体润滑剂润滑的特性主要是良好的摩擦特性、承载特性、耐磨性、宽温性、时效性和耐腐蚀性等。

固体润滑剂在与对偶材料摩擦时，能在对偶材料表面形成转移膜，使摩擦发生在固体润滑剂之间，具有较低的摩擦系数，这样表现出良好的摩擦特性。固体润滑剂的摩擦特性与其剪切强度有关，剪切强度越小，摩擦系数则越小。

固体润滑剂具有承受一定负荷和运动速度的能力，即承受能力。在它能承受的负荷和速度范围内，应该使摩擦副保持较低的摩擦系数，不使对偶材料间发生咬合，而且使磨损减到最低。固体润滑膜的承载特性与其本身的材质有关，尤其受其物理力学性能的影响，同时也与固体润滑剂在基体上的结合强度有关。结合强度越高，承载能力越大。

固体润滑剂有良好的耐磨性，一般固体润滑剂对摩擦表面的黏着力越强，越容易形成转移膜，其耐磨性也越好，固体润滑膜的寿命越长。

固体润滑剂能在一定的温度范围内工作。目前，固体润滑剂的使用温度上限在1200℃（金属压力加工中所使用的固体润滑剂），最低温度在−270℃左右。

时效性是指固体润滑剂的物理力学和摩擦学性能（包括摩擦特性、承载特性和耐磨特性等）在规定的使用寿命内保证有良好的润滑性能。

在有腐蚀作用的环境中工作的固体润滑材料应该性能稳定，不发生任何变化，在规定的使用寿命期内保证有良好的润滑性。

固体润滑剂对其附着的基体材料没有腐蚀性，也不能对基体材料发生化学物理作用，而使其物理力学性能和润滑性能发生变化。

（3）适用性　固体润滑剂和摩擦表面之间有较强的黏着力；具有各向异性的晶体强度性质；有较高的抗压强度，所以主要用于低速重载的场合。

2.3.7　在选用液体润滑油时主要应考虑哪些质量指标？

在选用液体润滑油时应考虑的质量指标主要有黏度、黏度指数、凝固点、酸值、闪点、残炭、灰分和机械杂质等。

（1）黏度　黏度是润滑液体的内摩擦阻力，也就是液体在外力的作用下移动时在液体分子间所产生的内摩擦。对润滑油而言，黏度是一项重要指标，它是区别和选用润滑油品种、牌号的主要依据。

我国润滑黏油度的常用表示方法有两种，即动力黏度和运动黏度。动力黏度表示液体在一定切应力下流动时内摩擦力的量度，其值等于所加于流动液体的切应力与切变速率之比，动力黏度的单位是Pa·s。运动黏度是相同温度下液体的动力黏度被液体密度相除之值。运动黏度的单位是m^2/s或mm^2/s。

黏度过大的润滑油不易流到配合间隙很小的两摩擦表面之间，因而不易起到润滑作用；但黏度大承压也大，润滑油不易挤出来，而保持一定厚度的油膜。因此，润滑油的黏度对机械润滑的好坏起着决定性的作用。

（2）黏度指数　润滑油的黏度指数是选择两种温黏性不同的标准油作比较基准，它是黏度-温度特性的衡量指标。一般黏度指数大，即在温度升高或降低时黏度的变化比较小，则能保证摩擦表面之间具有稳定的润滑状态。

（3）凝固点　凝固点表征润滑油的低温性能。它是将润滑油在规定的实验条件下进行冷却，将装有实验油的试管倾斜45°，经过1min，润滑油停止流动时的最高温度，称为凝固点。一般在选用润滑油时最好选用凝固点比环境温度低（通常低5～10℃）的润滑油。凝固点高时，会使在低温时的供油困难，增加机械接触面的磨损。

（4）酸值　润滑油的酸值是指中和1g润滑油中的酸所需要氢氧化钾的毫克数。润滑油酸值的变化值可以说明润滑油氧化变质的情况及产生沉淀物的倾向。

（5）闪点　润滑油加热到一定温度就开始蒸发成气体，这种蒸气与周围的空气混合后，遇到火焰就发生短暂的闪火（或爆炸），此时的最低温度叫润滑油的闪点。闪点通常作为润滑油的一个安全指标，它可以鉴定油品挥发性成分和产生火灾的危险程度。润滑油的闪点一般分为开口闪点和闭口闪点两种。一般情况下，润滑油的最高工作温度比它的闪点低20～30℃。

（6）残炭　残炭是用来衡量油品中胶状物质和不稳定化合物含量的间接指标。残炭较多的润滑油，时常会将油路堵塞，增加磨损。所以对精度较高的机械，不可选用残炭较多的润滑油。润滑油残炭的测定是在测定器中，在不通入空气和规定试验的条件下进行灼烧，把蒸发及热裂解出来的碳氢化合物蒸气烧掉后，再称量剩下来的焦黑色残留物。

（7）灰分　一定量的润滑油按规定温度灼烧后，残留的不燃物（无机物质）质量分数称为灰分。对不含添加剂的润滑油而言，灰分是指润滑油的精制程度。灰分越低，精制程度越高，润滑油的性能越稳定。

（8）机械杂质　一定量的润滑油经过溶剂稀释后过滤，留在滤纸上的杂质称为机械杂质。润滑油中机械杂质的含量会影响润滑效果，机械杂质多，会加速机械的磨损。一般要求润滑油中不含或仅含极微量的机械杂质。

2.3.8 常用的固体润滑剂有哪些品种？各有何特点？

目前在塑料配混设备中常用的固体润滑剂主要是二硫化钼和石墨。

（1）二硫化钼润滑剂　二硫化钼是一种呈铅灰色至黑灰色光泽的粉末，它的摩擦系数为0.05～0.09，比石墨的（石墨为0.11～0.19）还小。在良好的条件下，摩擦系数可达到0.017。因此，它对降低摩擦温度、减少磨损与动力消耗均有显著的效果。二硫化钼的摩擦系数是随相对滑动速度和负荷的增加而减小的。经过高度粉碎的二硫化钼具有庞大的颗粒数量和表面积。二硫化钼分子与机件摩擦接触点表面分子距离保持很小，而接触面积很大，可与机件产生很大的吸附力。

（2）石墨润滑剂　石墨是一种黑色鳞片状晶体，晶体结构是六方晶系的层状结构。在同一平面层内相邻碳原子之间的距离为 1.42Å（$1\text{Å}=10^{-10}\text{m}$），以共价键相连。而层与层的碳原子之间作用力要比层内的弱得多。层与层之间容易滑移，这是石墨晶体具有较好的润滑性能的原因。石墨与金属表面的附着力较小，与石墨层之间的作用力差不多大。在大气中及在 450℃ 以下时，石墨摩擦系数为 0.15～0.20。石墨的快速氧化温度为 454℃，石墨具有良好的抗化学腐蚀性。

2.3.9 滑动轴承润滑剂应如何选择？

滑动轴承的润滑剂的选择方法通常可按轴承的平均载荷系数 k 来选定。k 值表达式为：

$$k=\sqrt{pv^3}$$

式中　p——轴颈与轴瓦接触投影面上的比压，MPa；

v——轴颈表面的圆周速度，m/s。

比压 p 和圆周速度 v，一般可按下式分别计算：

$$p=\frac{F}{dl}\ ,\quad v=\frac{\pi dn}{60\times1000}$$

式中　F——轴颈上的载荷，N；

d——轴径直径，mm；

l——轴颈与轴瓦的接触长度，mm；

n——轴颈转速，r/min。

按上述三个公式计算出 k 值后，就可按其大小确定润滑剂的种类。通常，当 $k\leq2$ 时选用润滑脂；$k>2$ 时选用润滑油。选择滑动轴承润滑脂和润滑油时可参照表 2-1 滑动轴承润滑脂选用表和表 2-2 滑动轴承润滑油黏度选用表。

表 2-1　滑动轴承润滑脂选用表

轴颈比压 p/MPa	轴颈圆周速度 v/(m/s)	最高温度/℃	适用润滑脂
<1	≤1	75	3 号钙基脂
1~6.5	0.5~5	55	2 号钙基脂
>6.5	≤0.5	75	3 号钙基脂
<6.5	0.5~5	120	2 号钙基脂
>6.5	≤0.5	110	1 号钙钠基脂
1~6.5	≤1	−50~100	锂基脂
>6.5	0.5	60	2 号压延机用润滑脂

表 2-2　滑动轴承润滑油黏度选用表

转速/(r/min)	运转温度/℃	10~60				20~80	
	负荷/MPa	1~3		3~7.5		7.5~30	
	润滑油	适用运动黏度/(mm²/s)		适用运动黏度/(mm²/s)		适用运动黏度/(mm²/s)	
		40℃	50℃	40℃	50℃	100℃	50℃
约 50	循环、油浴、油环、滴油、飞溅	135~190	70~100	290~380	150~200	30~40	200~320
50~100		100~145	50~70	180~270	100~150	10~30	160~240
100~250		—	—	145~220	80~120	15~20	120~150
250~500		—	—	100~180	50~90	10~15	50~90
500~750		—	—	90~125	50~70	—	—
750~1000		55~70	30~40	—	—	—	—
1000~3000		25~55	15~30	—	—	—	—
3000~5000		18~32	10~20	—	—	—	—
≥5000		8~18	5~15	—	—	—	—

2.3.10　齿轮润滑剂应如何选择?

由于两个齿轮的啮合时间较短暂,在啮合时,自动形成液体油膜的作用很弱,再加上加工及装配的误差,故齿轮实际接触面积很小,单位面积承受的压力很大。齿轮用润滑剂的选用原则是:齿轮负荷越大,选用油的黏度越大;速度越快,选用油的黏度应越小;工作温度越高,选用油的黏度应越大。

通常,对一般负荷和一般速度的齿轮,可采用中等黏度的机械润滑油;对重负荷的齿轮和蜗轮,则应采用较高黏度的汽油机油或柴油机油;对有冲击负荷的齿轮传动,应尽量选用铅皂或含硫添加剂的齿轮油;对蜗轮传动装置要用含有动物油的油性添加剂的齿轮油。开放式齿轮应选用易于黏附的高黏度含胶质沥青的齿轮油;对选用润滑脂的开式齿轮传动,应选用滴点不低于 40℃ 的润滑脂,并优先选用石墨润滑脂;对速度小于 0.5m/s 的齿轮传动,也可采用二硫化钼润滑剂。

2.3.11　什么是零件弹性变形和塑性变形? 零件产生变形的原因是什么?

(1) 零件弹性变形和塑性变形　设备在工作过程中,由于零件受力作用,其尺寸或形状产生改变的现象称为变形。金属零件的变形包括弹性变形和塑性变形两大类。

① 零件的弹性变形　零件的弹性变形是指零件在外力去除后能完全恢复的那部分变形。通常金属零件的弹性变形量很小,一般不超过材料原长度的 1%。

② 零件的塑性变形　零件的塑料性变形是指材料在外力去除后,不能恢复的那部分永久变形。零件材料经塑性变形后,会造成组织结构和性能的变化,当发生较大的塑性变形

时，会使零件材料多晶体的各向同性遭到破坏，而表现出各向异性。多晶体在发生塑性变形时，由于各个晶粒及同一晶粒内部的变形是不均匀的，外力去除后晶粒的弹性恢复程度也不一样，因此，将使金属零件中产生内应力（残余应力）。

（2）零件产生变形的原因　零件在使用中产生变形的原因有很多，其主要原因有以下几方面：

① 外载荷、内应力及较高温度等作用的结果。由于外载荷而产生的应力超过材料的屈服强度时，零件就会产生过应力永久变形。因此，避免零件产生屈服变形的办法就是规定零件承受外载荷的最大极限，杜绝超越使用。

② 零件在使用中由于温度升高，金属材料的原子热振动增大，临界切变抗力下降，易产生滑移变形，使材料的屈服极限降低。

③ 当温度超过一定程度时，金属材料还会产生蠕变现象（高温蠕变），即在一定温度和一定应力作用下，随着受力时间的增加，金属零件将缓慢地发生塑性变形。通常，受力零件在温度高于350℃长期工作时就会发生蠕变。

④ 如果零件受热不均，各处温差较大，则会产生零件内部的热应力。过大的热应力也会引起零件的变形。

2.3.12　常见零件的断裂类型有哪些？

对零件断裂的断口通常可按宏观形态、微观形态和载荷性质三种方法进行分类。按宏观形态分断裂可分为延性断裂和脆性断裂；按微观形态分可分为晶间断裂和穿晶断裂；按载荷性质分有一次加载断裂和疲劳断裂。

（1）按宏观形态的断裂类型　延性断裂是指断裂前发生显著的塑性变形的断裂，在塑性变形过程中，首先是某些晶体局部破断，最终导致金属完全破断。延性断裂的断口颜色发暗，边缘有剪切唇，在断口附近有明显的塑性变形痕迹。

脆性断裂则在断裂前几乎不产生明显的塑性变形，断裂是突然发生的。脆性断裂通常总是从构件内部存在的宏观裂纹作为"源"向周边延伸的，这种裂纹常发生在低于材料屈服强度应力的部位，并逐渐扩大，最后导致突然断裂。脆性断裂的断口平齐光亮，且与正应力方向垂直，断口上常可观察到有人字纹或放射花样。

（2）按微观形态的断裂类型　晶间断裂特点是裂纹沿着晶界扩展。晶间断裂多属于脆性断裂，但也有延性的。通常，焊接热裂纹、蠕变断裂一般都是晶间断裂。

穿晶断裂可以是延性的，也可以是脆性的，断裂的特点是裂纹穿过晶体内部，穿晶断裂按其断裂方式还可再分为解理断裂和剪切断裂两种。解理断裂是一种在正应力作用下发生的穿晶断裂。断裂时，晶体沿着一定的结晶学平面而分离。通常解理断裂总是脆性断裂，解理断裂断口表面平齐，呈结晶状，有许多强烈反光的小平面，有时呈放射状或人字形花样。剪切断裂是在切应力作用下沿滑移面所造成的穿晶断裂。剪切断裂又有两种类型：一类称为纯剪断或滑断，一般发生在纯度较高的单晶体金属中，断口常呈非常锋利的楔形或刀尖型；另一类是微孔集聚型断裂，多见于碳钢等金属材料。在外力作用下，因强烈滑移造成位错堆积；或因材料内部夹杂物破碎、夹杂物与金属界面的破碎等，致使局部地方如缩颈处产生许多微小的空洞，这些空洞在切应力作用下不断长大并聚集连接，最后导致整个零件截面的破断。

（3）按载荷性质的断裂类型　一次加载断裂是指零件在一次静载荷下，或一次冲击能量作用下发生的断裂。

疲劳断裂则是指材料在经历反复多次的应力或能量负荷循环后才发生的断裂。疲劳断裂多见于零件在使用一定期限后发生的断裂。其特点是断裂时的材料所受应力低于材料的抗拉强度或屈服极限。无论是脆性材料还是延性材料，其疲劳断裂在宏观上表现为无明显塑性变形的脆性断裂。

2.3.13　零件断裂原因应如何分析判断？

零件断裂原因通常是根据断口来进行分析，断口分析大致可包括以下几方面的工作：

① 细致地调查零件破断的现场，保护好断口碎片。特别要防止用手指污染断口，并避免任何化学侵蚀。在未查清断口的重要特征和照相记录以前，不可对断口进行清洗。

② 用肉眼或放大镜（20 倍以下）对断口进行分析，可用汽油清洗断口油污，再用丙酮或石油醚浸泡。绝不要用金属刷去刷洗零件断面。清洗后，可用干燥空气吹去断口上的灰尘或其他附着物。也可用复型法（即用塑料膜在断口上多次进行复型和干剥）清除断口附着物。对锈蚀严重的断口，可用化学法去除氧化膜。

③ 进行断口的宏观分析，包括观察与分析破断全貌特征；分析裂纹与零件形状的关系；分析断口与变形方向的关系；考察断口与受力状态的关系；初步判断破断的性质和原因。

④ 对断口的重要区域采用金相显微镜或电子显微镜进行微观分析。

⑤ 对断口做金相组织、化学成分、力学性能的检验，进一步查明断裂的原因。

⑥ 结合零件的设计、加工及工作环境等情况。对零件的断裂做出全面综合的分析结论并制订相应的改进和预防失效再次发生的措施。

2.3.14　何谓零件的蚀损破坏？

通常，把零件在循环接触应力作用下表面发生的点状剥落现象称为疲劳点蚀；零件受周围介质的化学及电化学作用，在金属表层发生化学变化称为腐蚀；而零件在温度变化和介质的作用下，表面产生针状孔洞并不断扩大的现象称为穴蚀。通常把疲劳点蚀、腐蚀和穴蚀等统称为零件的蚀损。

闭式传动的齿轮多为疲劳点蚀破坏。齿面疲劳点蚀发展严重时，齿面承压面积减小，齿面剥落和塑性变形，导致齿形误差急剧增加，齿轮传动的冲击负荷迅速增大，不但使疲劳点蚀进一步发展，还会使轮齿有发生疲劳断裂的危险。影响疲劳点蚀的主要因素是负荷、材料和润滑。在负荷和材料确定的情况下，应努力改善润滑状态。润滑油的黏度越小，温度越高，越容易发生疲劳点蚀。因此，润滑油黏度的正确选择、油温的控制对齿轮传动都是非常重要的。

穴蚀的产生，通常是由于液体的某些局部的压力降低到它所处温度达到饱和蒸气压以下时，液体本身会形成一些小气泡。当压力再次升高并达到某一定值时，这些气泡在压力的作用下立即破灭，气泡周围的液体急速向气泡中心涌进，从而产生液体之间的撞击或称为水击。水击产生的压力波作用到零件表面时，就会对零件表面产生很大的冲击和挤压。若这一过程反复进行，会使金属产生疲劳剥落，从而形成针状的小孔。随后小孔不断扩大、加深直至零件破坏和穿透。穴蚀通常发生在柴油机或汽油机缸体与冷却水接触的表面。

防止腐蚀，可从材料选择和材料保护方面去考虑。腐蚀不但对人有不同程度的化学性灼伤作用，而且对金属设备也有较强的腐蚀性，同时还会使机器性能急剧下降。腐蚀将会使零部件减薄、变脆造成机件破坏，甚至承受不了原设计压力（应力）而引起断裂、泄漏和着火爆炸等事故。因此，对输送腐蚀性气体的中间冷却器、连接管道、搅拌叶轮等零部件，在材料选择上要予以慎重考虑。

第**3**章

塑料原料筛析与干燥
设备疑难处理实例解答

3.1 筛析设备结构疑难处理实例解答

3.1.1 成型前对塑料原料进行筛析的目的是什么？筛析的方法有哪些？

筛析是塑料原料成型前的一种预处理工序，是按不同粒度要求对固体物料进行分级。

筛析的目的是除去物料中混入的金属等杂质，除去粒径较大的物料，实现物料的细度和均匀度，以确保塑料成型加工设备的安全，保证物料有良好的成型加工性能，提高制品的质量。物料的细度是指物料颗粒直径（mm）的大小，通常用筛网的目数（网孔数/英寸）来控制，一般目数越大，颗粒越细；物料的均匀度是指颗粒间直径大小的差数，通常用物料的粒径分布情况来控制，物料粒径分布越窄，颗粒越均匀。

常用的筛析方法主要有转动筛析、振动筛析和平动筛析三种类型。筛析主要用于粉状着色剂、树脂或填料、稳定剂等添加剂的筛分，如粉状颜料、粉状 PVC 树脂、碳酸钙填料等。

3.1.2 原料的筛析设备有哪些类型？各有何特点和适用性？

原料常用的筛析设备主要有转动筛、振动筛和平动筛三种类型。

（1）转动筛　转动筛主要由筛网和筛骨架组成，常见的主要有圆筒转动筛，其结构如图 3-1 所示。这种转筛的结构简单，且为敞开式，有利于筛网的维修或更换，但筛选效率低。筛网的使用面积只占筛网总面积的 1/8～1/6，由于筛体为敞开式，筛选时易产生粉尘飞扬，卫生性差。

转动筛析通常主要适合于筛选密度较大的粉状填料，如碳酸钙、滑石粉、陶土等。

（2）振动筛　振动筛是一种通过平放或略倾斜的筛体，利用振动进行筛析的设备。筛体的形状有圆筒形和长方形，如图 3-2 所示。振动筛的特点是：

图 3-1　圆筒转动筛结构

(a)圆筒振动筛

(b)长方形振动筛

图 3-2 振动筛

① 筛选效率高，并且筛孔不易堵塞。

② 省电，电磁振动筛的磁铁只在吸合时消耗电能，而断开时不消耗电能。

③ 筛体结构简单且为敞开式，有利于筛网的维修或更换。

④ 由于筛体是敞开式，筛析时易产生粉尘飞扬，卫生性差。同时往复变速运动产生的振动使运动部件撞击而产生较大的噪声。

振动筛析通常适用于筛析粒状树脂和密度较大的填料。若将筛体制成密闭式也能用于粉状物料的筛选。

（3）平动筛 平动筛是利用偏心轮装置带动体发生平面圆周变速运动而实现过筛的筛析设备，主要由筛体、偏心轮、偏心轴等组成，如图 3-3 所示。

图 3-3 平动筛

平动筛的特点是：

① 工作时整个筛网基本都能得到利用，筛选效率比圆筒筛高而比振动筛低，但筛孔易堵塞；

② 筛体通常为密闭式的，故筛选时不易产生粉尘飞扬，卫生性好；

③ 筛体发生平面圆周变速运动而产生的振动小，噪声小；

④ 筛体的密闭使筛网的维修或更换不方便。

平动筛通常适合于粉状和颗状物料等的筛析。

3.1.3 转动筛的结构及工作原理如何？

（1）结构 转动筛由于筛体是圆筒形，通常又称为滚筒筛。它主要由电机、减速机、滚筒装置、机架、护罩、进出料口等组成，如图 3-4 所示。滚筒装置倾斜安装于机架上。电动机经减速机与滚筒装置连接在一起，驱动滚筒装置绕其轴线转动。

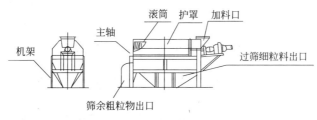

图 3-4 转动筛结构组成

（2）工作原理 转动筛工作时，电动机经减速机通过联轴器动滚筒旋转，物料从加料口加入滚筒内后，由于滚筒装置的转动与倾斜，滚筒筛内的物料也随着翻转与滚动，粒径小于筛网孔径的物料经滚筒的筛孔落下，从细粒料出口排出，筛余粗颗粒料（不合格的物料）经滚筒末端排出，如图 3-5 所示。由于物料在滚筒内的翻转、滚动，卡在筛孔中的物料可被弹出，防止筛孔堵塞。

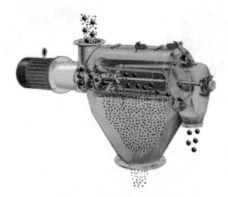

图 3-5　转动筛工作原理

3.1.4　平动筛有哪些结构类型？其工作原理如何？

平动筛根据筛体的数目可分为单筛体式和双筛体式两种类型，其结构如图 3-6、图 3-7 所示。

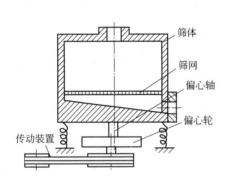

图 3-6　单筛体式平动筛结构

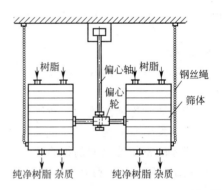

图 3-7　双筛体式平动筛结构

双筛体式有两个筛体，其四角用钢丝绳悬吊在上面的支撑部件上，而中间的偏心轴主要用于传动。为了保证平动筛的运动平稳，偏心轮在设计时通常采用平衡块（铅块）来实现其质量平衡。偏心轴转动时，筛体做平面圆周变速运动而达到筛选的目的。筛网通常为铜丝网、合金丝网或其他金属丝网等。工作时将需筛析的物料放置于回转的筛网上，通过驱动装置带动圆筒筛网转动而实现物料的筛析。

3.1.5　机械振动筛的结构及工作原理如何？有何特点？

（1）机械振动筛的结构及工作原理　机械振动筛由筛体、弹簧杆、连接杆、偏心轮（或凸轮）等组成，如图 3-8 所示。

机械振动筛的工作原理是利用偏心轮（或凸轮）装置作为激振器，电动机经三角皮带，带动激振器主轴回转，激振器上不平衡重物的离心惯性力作用，使筛体沿单一方向发生往复变速运动而产生振动，从而达到筛选的目的。一般改变激振器偏心重，可获得不同振幅。

机械振动筛有直线形和圆形两种类型。直线振动筛利用振动电机激振作为振动源，使物料在筛网上被抛起，同时向前做直线运动，物料从给料机均匀地进入筛分机的进料口，通过多层筛网产生数种规格的筛上物，筛下物，分别从各自的出口排出。圆形振动筛的筛体在振动器的作用下，产生圆形轨迹的振动。筛面的振动使筛面上的物料层松散并被抛起离开筛面，细粒级物料能透过料层下落并通过筛孔排出。

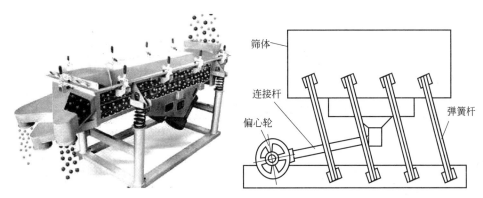

图 3-8　机械振动筛结构

（2）机械振动筛的特点

① 由于筛箱振动强烈，减少了物料堵塞筛孔的现象，筛子具有较高的筛分效率和生产率。

② 构造简单、拆换筛面方便。

③ 筛分每吨物料所消耗的电能少。

3.1.6　电磁振动筛的结构及工作原理如何？有何特点？

（1）结构及工作原理　电磁振动筛主要由筛体、电磁铁线圈、电磁铁、弹簧板与机座等组成，结构如图 3-9 所示。它是利用电磁振荡原理，由电磁铁线圈与电磁铁等组成电磁激振系统，工作时因电磁铁的快速吸合与断开使筛体沿单一方向发生往复变速运动而产生振动，达到筛选的目的。

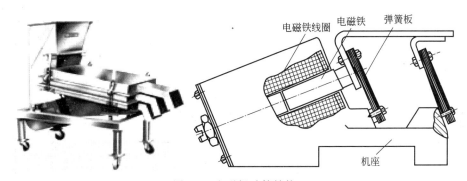

图 3-9　电磁振动筛结构

（2）电磁振动筛的特点

① 高频振动筛（震动筛）筛面振动、筛箱不动。

② 高频振动筛（震动筛）筛面高频振动，可达到 8～10 倍重力加速度，是一般振动筛振动强度的 2～3 倍。不堵孔，筛面自清洗能力强，筛分效率高，处理能力大，非常适用于细粒粉体物料的筛分。

③ 筛面采用 3 层不锈钢丝编织网，根据筛分工艺要求确定网孔尺寸，复合网具有很高的开孔率，具有一定的刚度，便于张紧平整安装，并提高筛网的使用寿命。

④ 筛机安装角度可随时方便的调节。

⑤ 高频振动筛的振动参数采用计算机集控，对每个振动系统的振动参数可采用软件编制，有间断瞬时强振，以随时清理筛网，保持筛孔不堵。

⑥ 功耗小，筛机为节能产品。

⑦ 筛体不动，可很容易地配加防尘罩以及密封筛上、筛下出料溜槽、漏斗，实现封闭式作业，减少环境污染。

3.2 筛析设备操作与维护疑难处理实例解答

3.2.1 滚筒筛的操作步骤怎样？

（1）运转前的检查

① 检查设备电器及仪表是否完好。

② 打开检修门，检查滚筒筛内有无矿石或其他杂物，若有，必须清理干净后方可运行。

③ 通过手动盘车旋转滚筒筛是否灵活，若有可通过调整螺栓进行调整。检查各螺栓有无松动或断缺。

④ 检查各轴承座、变速箱润滑是否良好，油位是否适中，防护罩是否完好。

⑤ 检查传动链条松紧是否适中。

（2）运行

① 滚筒筛先空载启动。

② 启动后观察出料是否正常，等出料正常后关闭密封隔离罩。

③ 检查电机、传动部件温升情况及是否有异响。

④ 检查进、出料口是否有堵渣情况，如有应及时处理。

⑤ 检查一切正常后，方可投料进行筛析。在筛析过程中应每小时对设备进行巡检一次，检查出料粒径和有无漏料及扬尘情况。

（3）停机

① 每次停机前必须确认滚筒内的物料是否全部筛分完毕，筛分完毕后方能停机。

② 停机后对设备整机进行检查，发现异常需立即处理。

③ 搞好设备和环境卫生，填好运行记录，做好交接班工作。

3.2.2 电磁振动筛的调机操作应注意哪些问题？

电磁振动筛安装完成后，首先要检查各零部件安装情况，螺栓是否旋紧，有无卡阻现象，周围是否有影响筛机动作的障碍物等。然后再接通电源，正式使用前应空车试运转 4h，观察筛机运转情况，并进行调试。在调机操作时应注意以下几方面的问题：

① 注意观察筛体运行是否平稳，整机是否有剧烈振动。若有应查出原因，并进行调整。

② 筛机有无异常噪声，特别是激振器箱体内电磁铁与衔铁是否有金属撞击声。若有应进行调整。

③ 电磁激振器的调整。激振器箱体内部电磁铁与衔铁的间隙 δ 对筛机的工作有很大影响。一般来讲 δ 控制在 $2.0 \sim 2.5\text{mm}$ 为宜，用电木垫调节，每个垫 0.5mm；δ 过大，振动力难以达到使用要求；δ 过小，电流、振幅的调整范围过小，易使电磁铁与衔铁吸附而出现

打击声，损坏激振器。注意各激振器的最大工作电流不得超过 4.0A。

电磁激振器调整的原则是在保证所需工作振幅、电磁铁与衔铁不撞击的前提下气隙越小越好。在能保证作业正常进行的情况下应尽量使用小电流、小振幅，以尽量减少由于振动引起的故障及振动部件和筛网的过早损坏。另外，整台筛机调整时应使全部激振器在相同电流下振幅大致相等。

④ 筛体运转正常后，视物料的性质和筛分效果来调节筛面的角度。调节角度时，筛箱下端的两个支座每增加或减少一个橡胶调整垫，筛体角度减小或增加 1°。

⑤ 检查筛网和各振动帽处的振动情况是否相同，有无明显差异。振动帽是否顶紧筛网。若没有顶紧筛网，则松开振动杆上的锁紧螺栓，用扳手转动振动轴调节振动帽的位置以顶紧筛网，然后锁紧螺栓。

⑥ 开车 4h 后停机，各部位螺栓须重新拧紧。特别是振动杆与振动轴连接的螺栓不能松动，否则影响振动效果。

⑦ 振动筛正式运行时要先开机、再给料，并逐步调整合适的矿量。停车时应先停止给料，待筛面上的物料全部排出，再停机。筛网应严加保护，不得踩踏。严禁用木棒、铁器等硬物敲打筛面。

3.2.3 机械圆振动筛安全操作规程如何？

机械圆振动筛的安全操作规程是：

① 在开车前，操作者应对振动筛两侧同时检查油面高度，油面太高会导致激振器温度上升或运转困难，油面太低会导致轴承的过早损坏。

② 检查全部螺栓的紧固程度，并且在最初工作 8h 后，重新紧固一次。检查 V 带的张紧力，避免在启动或工作中打滑，并且确保 V 带轮的对正性。确保所有运动件与固定物之间的最小间隙。

③ 圆振动筛应接地，电线应可靠绝缘，并安装在绝缘管内。机器在检修时应先切断电源。

④ 机器应在空载状态下启动，严禁机器超负荷工作，当物料全部筛分并排出机外时才允许停机，在机器运行时严禁进行任何调整、清理、检修等工作，以免发生危险。

⑤ 筛子应在没有负荷的情况下启动，待筛子运行平稳后，方能开始给料，停机前应先停止给料，待筛面上的物料排净后再停机。

⑥ 给料溜槽应尽可能靠近给料端，并尽可能沿筛子全宽均匀给料，其方向与筛面上物料运行方向一致，从而得到最佳的筛分效果。给料点到筛面的最大落差不大于 500mm，确保物料对筛面的最小冲击。

⑦ 圆振动筛采用送料装置时，应均匀连续给料，料流应均匀、平稳地通过筛面，不得跑料。

⑧ 在正常工作情况下，每单班必须注油一次，油量保证在 100mL 左右，采用轻重负荷机械润滑的高温润滑脂，滴点 290～320℃，适用温度范围 −30～250℃。

⑨ 每月定期对机器进行全面检查，检查内容包括固定部件：侧板、横梁、加强架、弹簧、激振器密封、皮带传动、电器开关等。建议每两个月更换一次弹簧。每 1000h 定期清洗或更换一次轴承。

3.2.4 机械圆振动筛操作过程中应注意哪些事项？

① 弹簧必须处于垂直状态，弹簧上支座与弹簧接触面必须成水平状态，调整好后用螺

栓把弹簧上支座固定在筛箱耳轴上，然后点焊成一体。

② 圆振动筛驱动方向可为左向或右向驱动。需更换驱动方向时，从平衡轮上卸下振动器带轮，重新安装到另一侧平衡轮上并紧固。

③ 确保 V 带张力有充分的调整量，确保两个胶带轮对应的沟槽在各自平面内一一对应。

④ 圆振动筛安装调整结束后，应进行不少于 2h 的空载试运转，要求运转平稳，无异常噪声，振幅和运动轨迹符合要求，轴承最高温度不超过 75℃。

⑤ 空载试运转合格后，可投入负载试运转，负载试车时间可按工艺试车要求进行。

⑥ 圆振动筛试车前必须用手（或其他方法）转动激振器。转动应灵活，无卡阻现象时，方可正式开动机器。

⑦ 当激振器顺料流方向回转时，可增加物料运行速度，可增加生产能力，但会降低筛分效率；当激振器逆料流方向回转时，减小物料运行速度，降低生产能力，可提高筛分效率。

3.2.5 机械圆振动筛的维护与保养应注意哪些方面？

机械圆振动筛的维护与保养应注意以下几方面：

① 筛机出厂时，激振器内注有润滑油，兼有防腐性能，有效期 3 个月。存放期超过 3 个月后，运转 20min，还可继续防腐 3 个月，工作时必须换上清洁的润滑油。

② 经常保持激振器通气孔的畅通（因堵塞易导致漏油）。如果畅通后仍然漏油，就应更换油封。

③ 轴承正常工作不应超过 75℃，新激振器因为有一个跑合过程，故可能温度略高，但运转 8h 以后，温度应稳定下来，如果温度继续过高，应检查油的级别、油位和油的清洁度。

④ 保证迷宫槽内充满润滑脂，在灰尘量大的场合下工作，应当更加频繁地加注油脂。

⑤ 更换 V 带时，应完全松开电机地脚螺栓，方便将 V 带放入带轮槽内，不允许用棍棒或其他物体撬 V 带，V 带的张紧力必须适合，带轮必须对正，在首次调整张力后，进行 48h 工作，再重新调整一次。

⑥ 激振器与筛体连接的螺栓为高强度螺栓，不允许用普通螺栓代替，必须定期检查紧固情况，最少每月检查一次。其中任意一个螺栓松动，也会导致其他螺栓剪断，引起筛机损坏。

⑦ 采用环槽铆钉连接的地方，允许用高强度螺栓代替，所有接触面或孔，均应无铁屑、灰、油、锈和毛刺等。

⑧为了防止焊接引起的内应力，一般情况下不允许在现场对筛体及任何辅助件进行焊接，必须焊接时，应由熟练的操作人员进行。

⑨ 更换筛网时，应保证筛体两侧板与筛网钩子之间有相等的间隙，先紧固中间压紧扁钢，同时拉紧张紧板保持筛网表面张力均匀，并用手锤沿全长轻轻敲打，检查张紧情况。接触不好、张力不够或者不匀易导致筛网过早损坏。

⑩ 拆卸圆振动筛振动器时，从外向里逐件谨慎拆卸，避免人为地损伤零件部件。尤其是拆卸平衡轮时，一定要使用拆卸器，拆下的零部件应逐件清洗，并仔细检查，发现损坏，应及时修复或者更换。

3.2.6 振动筛的轴承应如何拆卸？

振动筛的轴承是振动筛的核心部件，拆卸振动筛轴承必须十分小心。振动筛轴承不当的拆卸可能造成污染物进入轴承或影响再次的安装，还可能导致轴承内部的损坏。拆卸时应注意：

① 振动筛的轴心必须有适当的支撑，拆卸力量应尽可能不伤及轴承。

② 为保证轴承重新安装到相同的轴位上，拆卸时应注明每一个轴承的相对位置，如哪一个轴承朝上，哪一侧朝前等。

③ 轴承外围的拆卸。拆卸过盈配合的外圈，事先在外壳的圆周上设置几处外圈挤压螺杆用螺丝，一面均等地拧紧螺杆，一边拆卸。通常可在外壳挡肩上设置几处切口，使用垫块，用压力机拆卸，或轻轻敲打着拆卸。

④ 轴承内圈的拆卸，用压力机械拔出最简单。此时，要注意让内圈承受其拔力。大型振动筛轴承的内圈拆卸采用油压法。通过设置在轴上的油孔加以油压，以易于拉拔。宽度大的轴承则油压法与拉拔卡具并用，进行拆卸作业。NU 型、NJ 型圆柱滚子振动筛轴承的内圈拆卸可以利用感应加热法，即在短时间内加热局部，使内圈膨胀后拉拔的方法。

⑤ 锥孔轴承的拆卸。拆卸小型的带有紧定套轴承时，可用紧固在轴上的挡块支撑内圈，将螺母转回几次后，使用垫块用榔头敲打拆卸。

⑥ 大型轴承的拆卸利用油压拆卸更加容易，在锥孔轴上的油孔中加压送油，使内圈膨胀，拆卸轴承。操作中，有轴承突然脱出的可能，最好将螺母作为挡块使用。

3.2.7　电磁振动筛的激振器不振的原因及解决办法有哪些？

（1）激振器不振的原因　电磁振动筛工作时，其激振器不振的原因主要有以下几方面：

① 激振器线圈没有接地或接地不正确，或接触不良。

② 激振器线圈损坏。

③ 高频筛专用模块被击穿。

④ 电流过大，保险管烧坏。

⑤ 振幅与强振振幅设置的值过高，造成回路中的电流过大。

（2）激振器不振的解决办法

① 检测激振器线圈是否接地。将激振器两个进线拆下，用摇表分别摇测激振器线圈的两个端头对地是否绝缘完好，记录结果，阻值为零则为接地，处理更换接线端子。

② 检测激振器线圈是否烧损。将激振器两个进线拆下，用万用表测量激振器线圈的电阻是否为零，记录结果，阻值为零则为烧损，更换激振器。

③ 拆下该故障激振器所对应的专用模块进线和出线，用万能表测量专用模块进线侧的1♯、2♯接线端子之间的电阻是否为零。记录结果阻值，阻值为零则为击穿，更换此专用模块。

④ 检查保险管，检查电流是否在正常范围。保险红灯亮时，说明保险管烧损，排除故障，更换保险管，保险管为 6A。

⑤ 检查系统设置的振幅与强振振幅是否为零。调整振幅与强振振幅数值。

⑥ 当开动高频筛后，运行不长时间出现跳闸的情况，检查系统设置的振幅与强振振幅的大小，振幅与强振振幅设置的值过高会造成回路中的电流过大，出现负荷高跳闸的情况。

3.2.8　电磁振动筛工作过程中振幅偏小的原因是什么？有何解决办法？

电磁振动筛工作过程中其振幅偏小可能有两种情况：一是电流大而振幅偏小；二是电流小、振幅小。

当电流大而振幅偏小时，造成的原因主要是：①气隙是否过大；②机械零部件有卡阻现象。解决的办法主要是：①检查气隙是否过大，通过增加或减少垫片来调整气隙；②检查机械零部件是否有卡阻现象，清理零部件，消除卡阻。

当电流小振幅偏小时，造成的原因主要是：①控制柜振幅参数设置不合理；②若出现打击声，则气隙太小。解决的办法主要是：①调整控制柜振幅参数，使电流增大；②若出现打击声可，可将气隙调大至撞击声消失，但气隙不要超过 2.5mm。

3.2.9 电磁振动筛工作过程中出现异常金属撞击声的原因是什么？有何解决办法？

电磁振动筛工作过程中出现异常金属撞击声的主要原因是：①电磁振动筛的筛体振幅过大；②气隙不均匀或过小；③激振器内部松动、发生偏移。

出现异常金属撞击声时解决的办法主要有：①检查并调整控制柜振幅参数，使其振幅减小；②检查并调整气隙，使其气隙适当增大且均匀；③检查激振器内部是否松动、发生偏移，并调整固定。使用电磁铁时不能出现打铁现象。

3.2.10 电磁振动筛无法启动的原因主要有哪些？如何解决？

电磁振动筛无法启动的原因主要有以下几方面：①电机损坏；②控制线路中的电气元件损坏；③电压太低或不稳定；④筛面物料堆积太多，负荷过大；⑤振动器出现故障，或振动器内润滑脂变稠结块。

无法启动时的解决措施主要有：①检查电机是否损坏，若损坏，应及时更换电机；②检查控制线路中的电气元件，及时更换损坏电气元件；③检查电压是否太低，更换合适的电源供给，保证有稳定的电压值；④清理筛面物料，降低电机的启动负荷；⑤检查并清洗振动器，更新添加合适的润滑脂。

3.2.11 电磁振动筛工作过程中为何物料流运动异常？有何解决办法？

电磁振动筛工作过程中出现物料流运动异常的原因主要有以下几方面：①筛体横向水平没找正；②支撑弹簧刚度太大或损坏；③筛面破损；④给料极不平衡。

出现物料流运动异常时解决的办法主要有：①检查筛体横向水平是否合适，若横向水平不正，应及时调整支架高度，使筛体保持水平；②检查支撑弹簧刚度是否太大或损坏，并及时调整或更换弹簧；③检查筛面是否破损，并修复或更换筛面；④调整给料，使其加料均匀稳定。

3.2.12 电磁振动筛筛分质量不佳的原因主要有哪些？有何解决办法？

电磁振动筛筛分质量不佳的原因主要有以下几方面：

①电磁振动筛的筛网筛孔堵塞；②入筛物料水分太高；③加料不均或加料过多；④筛网张紧程度不够，或传动皮带松弛。

筛分质量不佳的解决办法主要有：①检查加料是否均匀，调整加料装置，稳定加料；②减轻振动筛的电机负荷，并及时清理筛面，防止筛网的筛孔堵塞；③改变筛体倾角，使物料有良好的流动状态；④调节筛体的加料量，减小加料速度并保持加料稳定；⑤张紧筛网，拉紧传动皮带。

3.2.13 电磁振动筛正常工作时为何筛机旋转减慢，轴承发热？有何解决办法？

电磁振动筛正常工作时筛机旋转减慢，轴承发热的主要原因有：①轴承缺少润滑；②轴承卡塞；③轴承注油过量或加入了不合适的油；④轴承损坏或安装不良，圆轮上偏心块脱落。

筛机旋转减慢，轴承发热的解决办法主要有：①检查轴承的润滑油，加强轴承的润滑，注入适量润滑油；②清洗轴承，更换密封圈，检查迷宫密封装置；③更换轴承，调整圆轮上偏心块。

3.2.14　电磁振动筛工作过程中为何激振器轴承发热厉害？应如何处理？

分析研究发现引起激振器轴承发热的原因有：

① 轴承选型不合理。

② 轴承游隙不合格。

③ 轴承本身加工制造质量不合格。

④ 使用初期润滑面的润滑不充足。因滚子轴承能承受较大的冲击载荷，加上脂润滑使得激振器结构简单，易于密封，加工方便。但由于脂润滑的滚子轴承极限转速较低，而电机直接驱动的激振器内轴承转速一般都在 970r/min 以上，这个转速已接近承载力较大的滚子轴承的极限转速；再加上新装上的轴承内部不可能完全涂抹上润滑脂，轴承启动时，因润滑面的润滑脂不充足从而造成轴承的发热烧损。

⑤ 使用过程中补充注油不及时。因轴承初始润滑条件不好，受较大冲击载荷后，摩擦面产生高温，因此将影响润滑脂的性能，使其黏度降低，被甩出轴承座外。此外，润滑脂损耗较快，使得轴承所需补充注油的间隔期较短，一般不超过 10 天。若不及时补充注油，就会造成轴承内部干性磨损，直至发热烧坏。

激振器轴承发热厉害时的解决办法主要有：①检查轴承选型是否合理，轴承本身加工制造质量是否合格，若不符合应及时更换合适的轴承；②检查轴承游隙是否合格，并及时调整；③开机前认真检查轴承的润滑系统，保证良好的润滑状态。

3.2.15　电磁振动筛工作过程中筛网为何呈现直线状断裂？应如何处理？

振动筛工作过程中筛网呈现直线状断裂，一般是由于筛网没有拉紧（或拉不紧）的状态下形成的筛箱支撑条与筛网间的二次振动相互撞击造成的筛网直线状有规则的断裂，引起这种损坏的几种可能是：

① 振动筛筛网尺寸过长，造成张紧螺栓张不紧；

② 筛机张紧机构有问题，张紧板与筛机不配套、张紧板（钩）磨薄或变形；

③ 筛网弯边的形状、尺寸与张紧板不配套；

④ 振动筛筛体的焊接处断裂而导致筛体结构性损坏；

⑤ 橡胶垫条磨损或有空当；

⑥ 振动筛筛网或筛机的设计结构缺陷；

⑦ 振动筛筛体的支撑条低于筛网，即支撑条和筛网有一定间距；

⑧ 振动筛机的四处弹簧刚度不均匀；

⑨ 振动筛机振幅过大。

筛网呈现直线状断裂时的处理办法主要有：

① 检查振动筛筛网的长度，若过长应减小其长度，使张紧螺栓张紧；

②检查筛机张紧机构是否有问题，张紧板与筛机是否配套、张紧板（钩）是否磨薄或变形，修复或更换张紧板；

③ 检查筛网弯边的形状、尺寸与张紧板是否配套，若不配套，应及时更换；

④ 检查振动筛筛体焊接处是否良好，若焊接不良应及时修复；

⑤ 检查橡胶垫条是否磨损或有空当，若有损坏或不当应及时更换；

⑥ 检查振动筛筛体支撑条是否低于筛网，并及时调整；

⑦ 检查振动筛机的弹簧刚度是否均匀，并进行调整或更换；

⑧ 检查振动筛机的振幅是否过大，若过大应调整并减小振幅。

3.3 塑料原料干燥设备结构疑难处理实例解答

3.3.1 塑料原料的干燥方法有哪些？各有何特点和适用性？

塑料的干燥方法和干燥形式有多种，通常可按操作压力、操作方式、传热方式及干燥介质等进行分类。

(1) 按操作压力分类　按操作压力的不同，塑料的干燥可分为常压干燥和真空干燥两种。真空干燥又称负压干燥，是让塑料原料处于负压状态下进行加热干燥，通过抽真空产生负压，使挥发组分的沸点降低，从而使水分迅速变成水蒸气，从固体原料中分离出来，快速脱离。真空干燥主要用于在加热时易氧化变色的物料，如 PA 等。

(2) 按传热方式分类　按传热方式分可分为对流干燥、传导干燥、辐射干燥、介电加热干燥等。

对流干燥是由载热体（干燥介质）将热能以对流的方式传给与其直接接触的湿物料，产生的蒸汽为干燥介质所带走。通常用热空气作为干燥介质。在对流干燥中，热空气的温度容易调节，但由于热空气在离开干燥器时带走相当大的一部分热能，因此对流干燥的热能利用较差。主要适用于大批量的各种粉料、粒料、糊状料等物料的干燥。

传导干燥是由载热体（加热蒸汽）将热能通过传热壁以传导的方式加热湿物料，产生的蒸汽被干燥介质带走或用真空泵排出。传导干燥的热能利用率较高，但物料易过热变质。

辐射干燥是将热能以电磁波的形式由辐射器发射到湿物料表面，被其吸收重新转变为热能，将湿分气化而达到干燥的目的。辐射器可分为电能和热能两种。电能辐射器一般为如专供发射红外线的灯泡。热能辐射器是用金属辐射板或陶瓷辐射板产生红外线。辐射干燥的速度快、效率高、耗能少，产品干燥均匀而洁净，特别适合于物料表面水分和挥发分的干燥。

介电加热干燥是将需要干燥的物料置于高频电场内，高频电场的交变作用使物料加热而达到干燥的目的，是高频干燥和微波干燥的统称。采用微波干燥时，湿物料受热均匀，传热和传质方向一致，干燥效果好，但费用高。

(3) 按操作方式分类　按操作方式的不同，干燥可分为连续式和间歇式两种。连续式干燥又可分为沸腾床、网带烘干干燥、气流式干燥等，具有生产能力强、热效率高、产品质量均匀、劳动条件好等优点；缺点是适应性较差。而间歇式包括鼓风烘箱干燥、干燥料斗、真空干燥箱等，具有投资少、操作控制方便、适应性强等优点；缺点是生产能力小，干燥时间长，产品质量不均匀，劳动条件差。

(4) 按干燥介质分类　塑料原料干燥的方法较多，常见的有热风干燥、真空干燥、远红外干燥、循环气流干燥等。

热风干燥是应用较广的一种干燥方法。这种干燥方法是由电热器加热气流，形成热风循环，热风通过物料时，使物料中的湿分气化，并被气流带走，而使物料干燥。热风干燥常用的是干燥烘箱，干燥热塑性物料，烘箱温度根据物料性质控制在 60～110℃范围，时间为 1～3h；对于热固性物料，温度 50～120℃或更高（根据物料而定）。热风干燥箱结构简单，多用于小批量塑料或助剂的干燥。

真空干燥是将需干燥的物料置于减压的环境中进行干燥处理，这种方法有利于附着在物料表面水分的挥发以达到干燥目的。真空干燥时由于机体内空气被抽出，而减少干燥环境中的含氧量，可避免物料干燥时的高温氧化现象。真空干燥主要用于在加热时易氧化变色的物料，如 PA 等。

远红外干燥一般首先是由加热器对基体进行加热，然后由基体将热能传递给辐射远红外线的涂层，再由涂层将热能转变成辐射能，使之辐射出远红外线。由于干燥的物料有对远红外线吸收率高的特点，能吸收远红外线干燥装置发射的特定波长的远红外线，使其分子产生激烈的共振，从而使物料内部迅速地升高温度，达到预热干燥的目的。

循环气流干燥是利用蒸汽、电、热风炉、烟气炉的余热作热源来进行干燥的设备。循环气流干燥的特点是：时间短，脱水速度快，一般为 $0.5\sim3s$。主要适用于大批量的各种粉料、粒料、糊状料等物料的干燥。

3.3.2 厢式干燥器的结构及工作原理如何？有何特点？

（1）厢式干燥器结构　厢式干燥器又称盘架式干燥器，一般小型的称为烘箱，大型的称为烘房，是典型的常压间歇操作干燥设备。这种干燥器主要由箱体、加热器、风机、电动机、盘架、挡板和移动轮组成，其基本结构如图 3-10 所示。

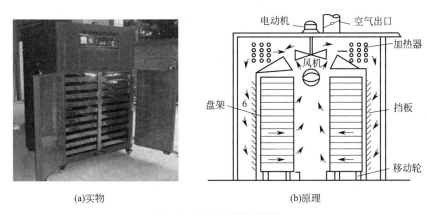

(a)实物　　　　　　　　　　(b)原理

图 3-10　厢式干燥器结构

厢式干燥器也可将盘架做成小车的形式，而使厢式干燥变成连续的或半连续的操作，即为洞道式干燥器，如图 3-11 所示。器身做成狭长的洞道，内敷设铁轨，一系列的小车载着盛于浅盘中或悬挂在架上的物料通过洞道，使与热空气接触而进行干燥。小车可以连续地或间歇地进出洞道。

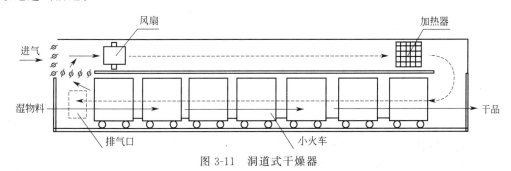

图 3-11　洞道式干燥器

（2）厢式干燥器工作原理　厢式干燥器对物料的干燥是通过加热空气，降低空气中的饱和度，热空气通过物料表面，经过传热传质过程带走物料中的水分，实现干燥过程。厢式干燥器工作时是将湿物料置于厢内支架上的浅盘内，浅盘装在小车上推入厢内。空气由入口进入干燥器与废气混合后进入风扇,由风扇出来的混合气一部分由废气出口放空,大部分经加热器加热后沿挡板尽量均匀地掠过各层湿物料表面,增湿降温后的废气再循环进入风扇。浅盘内的湿物料经干燥一定时间达到产品质量要求后由干燥器中取出。

厢式干燥器一般用数显仪表与温度传感器的连接来控制工作室的温度,采用热风循环送风来干燥物料,热风循环系统分为水平送风和垂直送风,均经过专业设计,风源是由电机运转带动送风风轮,使吹出的风吹在电热管上,形成热风,将热风由风道送入厢式干燥器的工作室,且将使用后的热风再次吸入风道成为风源再度循环加热,大大提高了温度均匀性。如箱门使用中被开关,可借此送风循环系统迅速恢复操作状态温度值。

(3)厢式干燥器特点 厢式干燥器的优点是结构简单,投资费用少,可同时干燥几种物料,具有较强的适应能力,适用于小批量的粉粒状、片状、膏状物料以及脆性物料的干燥。缺点是装卸物料的劳动强度较大,且热空气仅与静止的物料相接触,因而干燥速率较小,干燥时间较长,且干燥不易均匀。

3.3.3 鼓风干燥料斗的结构及工作原理如何?有何特点?

(1)鼓风干燥料斗的结构 鼓风干燥料斗的结构主要由鼓风机、温控箱、电热器、排料口、开合门、物料分散器、视窗、料斗、料斗盖、排气口等部分组成,如图3-12所示。

(2)鼓风干燥料斗的工作原理 鼓风干燥料斗的工作原理与干燥箱基本相同,只是箱体结构设计成料斗状,空气由风机送至电热箱,通过高温电热管加热,以合适温度的均匀热风吹入料斗内。在物料由上而下的下降过程中,通过温度差进行热交换,热风通过物料颗粒间隙穿过物料层从排气管排出,不断带走湿气,使物料连续不断地得到加热干燥,并以预热状态进入挤出机或注塑机的料筒内。

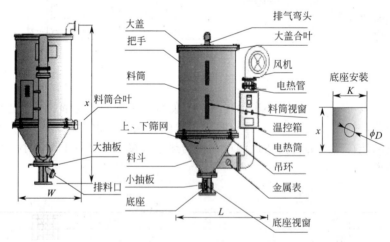

图 3-12 鼓风干燥料斗及其结构

(3)鼓风干燥料斗的特点

① 采用均匀分散热风的高性能热风扩散装置,保持塑机干燥温度均匀,提高干燥效率。

② 特有热风管弯型设计,可避免粉层堆积于电热管底部引起燃烧。

③ 料桶内及内部零件一律不锈钢制,料桶与底部分离,清料方便,换料迅速,确保原料不受污染。

④ 各种机型皆可提供预热定时装置,微电脑控制及双层保温料斗可供选择。

⑤ 采用比例式偏差指示温控器,可精确控制温度。

3.3.4 气流式干燥器的结构及工作原理如何？有何特点？

（1）气流式干燥器的结构 气流干燥器是利用高速热气流，使粒状或块状物料悬浮于气流中，一边随气流并流输送，一边进行干燥。气流干燥器主要由加料器、干燥管、加热器、鼓风机、旋风分离器、除尘器、引风机、排料口、电控箱和排风管等组成，如图3-13所示。干燥管是气流干燥器的主体，它由一根10～20m的直立圆管组成。旋风分离器是利用离心力将气流中固体颗粒分离的装置；除尘器是除去气流中的粉尘等污染物的装置。

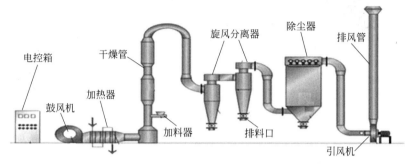

图3-13 气流式干燥器的结构

（2）工作原理 气流干燥器工作时，物料由螺旋加料器输送至干燥管下部。空气由风机输送，经热风炉加热至一定温度后，以20～40m/s的高速进入干燥管。在干燥管内，湿物料被热气流吹起，并随热气流一起流动。在流动过程中，湿物料与热气流之间进行充分的传质与传热，使物料得以干燥，经旋风分离器分离后，干燥产品由底部收集包装，废气经袋滤器回收细粉后排入大气。

（3）气流干燥器的特点

① 气流干燥器结构简单，占地面积小，热效率较高，可达60%左右。

② 由于干物料高度分散于气流中，因而气固两相间的接触面积较大，从而使传热和传质速率较大，所以干燥速率高，干燥时间短，一般仅需0.5～2s。

③ 由于物料的粒径较小，故临界含水量较低，从而使干燥过程主要处于恒速干燥阶段。因此，即使热空气的温度高达300～600℃，物料的表面温度也仅为湿空气的湿球温度（62～67℃），因而不会使物料过热。在降速干燥阶段，物料的温度虽有所提高，但空气的温度因供给水分气化所需的大量潜热通常已降至77～127℃。因此，气流干燥器特别适用于热敏性物料的干燥。

④ 气流干燥器因使用高速气流，故阻力较大，能耗较高，且物料之间的磨损较为严重，对粉尘的回收要求较高。

⑤ 气流干燥器适用于以非结合水为主的颗粒状物料的干燥，但不适用于对晶体形状有一定要求的物料的干燥。

3.3.5 沸腾床干燥器的结构及工作原理如何？有何特点？

（1）沸腾床干燥器结构 沸腾床干燥器又称为流化床干燥器，是流态化技术在干燥作业上的应用。沸腾床干燥器的结构类型有单层圆筒式、多层圆筒式和卧式多室式等多种类型。不同类型其结构有所不同，图3-14所示为三种不同形式沸腾床干燥器的结构。

（2）沸腾床干燥器的工作原理 沸腾床干燥的原理是将"固体流态化"和"干燥"两单

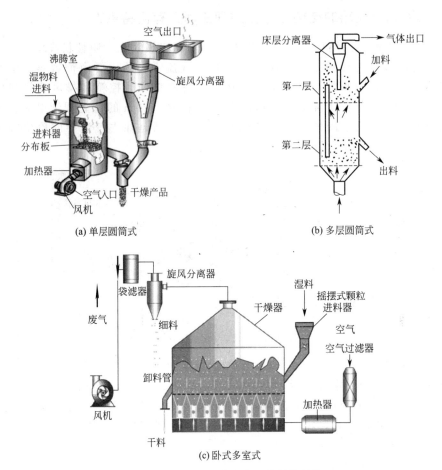

图 3-14 不同形式沸腾床干燥器的结构

元操作组合起来形成高效塑料干燥模式。塑料粒子在沸腾室内借循环热空气在多孔板上下形成压力差而悬浮在热空气中进行水分汽化传质干燥。由于塑料粒子全表面都接触热空气流，而且汽化的水汽不断被热空气流带走，有效地增大了塑料粒子内部水分向表面汽化的推动力，因而具有高效快速干燥的功能。沸腾床干燥，洁净空气由高压鼓风机吹进电热箱，很快被循环加热到干燥温度。循环的热空气流在沸腾器的多孔板上下形成压力差，上部为负压。塑料粒料由沸腾器上部料斗中落入后即悬浮在热空气流中，形成固体流态化，在沸腾室内上下翻滚跳动，使所有塑料粒子各表面均与高速热空气流相互接触并对流运动，于是塑料粒子表面水分瞬间气化。在该设备中，塑料粒子内部水分可快速扩散到塑料粒子表面，并不断被高速热空气流带走，因而形成了强大的传热、传质推动力。沸腾床干燥器中颗粒在热气流中上下翻动，彼此碰撞混合，气、固间进行传热和传质，以达到干燥目的。通常干燥时散粒物料由加料口加入，热空气通过多孔气体发布板由底部进入床层同物料接触，只要热空气保持一定的气速，颗粒即能在床层内悬浮，并上下翻动，在与热空气接触过程中使物料得到干燥。干燥后的颗粒由床的出料口卸出，废气由顶部排出。

在单层圆筒沸腾床中，由于床层内颗粒的不规则运动，颗粒的停留时间分布不均，容易引起返混和短路现象，使产品质量不均匀。多层圆筒式和卧式多室式干燥器干燥效果较好，产品质量均匀。

（3）沸腾床干燥器的特点　沸腾床干燥器的传热、传质效率高，处理能力大；物料停留

时间短，有利于处理热敏性物料；设备结构简单，操作稳定。

3.3.6 真空干燥器的工作原理如何？有何特点？

（1）工作原理　真空干燥又称为负压干燥，是让塑料原料处于负压状态下进行加热干燥。真空干燥机在真空状态下，以蒸汽为热源，通过传导加热方式供给物料中水分足够的热量，使其沸腾和蒸发，并加快气化速度。再通过真空泵将干燥机中的空气抽出，机体内形成负压，使挥发组分的沸点降低，从而使水分迅速变成水蒸气，从而使物料的表面水分挥发达到干燥的目的。对塑料进行真空干燥的设备主要有静置真空干燥箱、回转真空干燥机及真空干燥料斗，如图 3-15 所示。常用的主要是回转真空耙式干燥机和真空料斗等。

(a) 静置真空干燥箱　　　　　(b) 真空干燥料斗　　　　　(c) 回转真空耙式干燥机

图 3-15　真空干燥器的几种类型

（2）真空干燥器特点　真空干燥时静置真空干燥箱和回转真空干燥器设备投资大，能耗高（加热耗能、真空耗能、回转耗电），干燥效率提高不多，所以塑料加工企业应用不多。目前塑料加工企业应用较多的是真空干燥料斗，与热风干燥系统比较，为了达到同样的干燥效果，真空干燥的速度平均要快 6 倍。真空干燥机可以在满足挤出机或注塑机用量的前提下，使干燥的批量小，实现连续干燥，可以保证原料的干燥效果，并且可以减小原料对水分再吸收的可能性。另外，真空干燥时由于机体内空气被抽出，降低干燥环境中的含氧量，可避免物料干燥时的高温氧化现象，主要用于在加热时易氧化变色的物料，如 PA 等。

3.3.7 远红外干燥器的结构与工作原理如何？有何特点？

（1）远红外干燥器的结构　远红外干燥装置主要由远红外线辐射元件、传送装置和附件（保温层、反射罩等）组成，如图 3-16 所示。远红外线辐射元件主要由基体、远

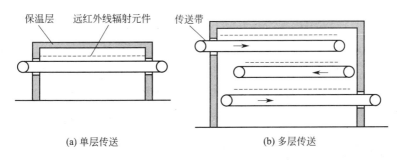

(a) 单层传送　　　　　　　　　　(b) 多层传送

图 3-16　远红外干燥装置

红外线辐射涂层、热源组成。基体一般可由金属、陶瓷或石英等材料制成。远红外线辐射涂层主要是 Fe_2O_3、MnO_2、SiO_2 等化合物；热源可以是电加热、煤气加热、蒸汽加热等。

（2）工作原理　远红外干燥器是利用远红外辐射器发出的远红外线被湿物料所吸收，引起分子激烈共振并迅速转变为热能，从而使物料中的水分气化而达到干燥的目的。物料对红外辐射的吸收波段大部分位于远红外区域，如水、有机物等在远红外区域内具有很宽的吸收带。

（3）特点　远红外干燥器是一种辐射干燥器，工作时不需要干燥介质，从而可避免废气带走大量热量，故热效率较高。

远红外干燥由于是辐射传热，可以使物料在一定深度的内部和外表面同时加热，不仅缩短了预热干燥时间、节约能源，而且也避免了因受热不均而产生物料的质变，提高干燥的质量，其干燥温度可达 130℃ 左右。另一方面由于热源不直接接触物料，因此易实现连续干燥。

远红外干燥器具有结构简单、造价较低、维修方便、干燥速度快、控温方便迅速、产品均匀清净等优点，但红外干燥器一般仅限于薄层物料的干燥，主要适用于大批量物料的干燥。

3.3.8　微波干燥器的工作原理如何？有何特点？

（1）工作原理　微波干燥器是一种介电加热干燥器，微波是一种频率非常高的电磁波，其频率在 $300 \sim 300 \times 10^3 \, MHz$ 之间，波长在 $0.001 \sim 1m$ 之间。当微波照射到含水物料时，极性水分子相应随之反复转换，频繁地摆动，在摆动过程中，造成分子间类似摩擦作用而产生大量热量，物料的温度也随之升高，将微波能转变成物料干燥所需要的热能。

（2）特点

① 微波干燥器干燥时，由于水（或其他溶剂）的电介质损耗因子比其他物质大得多，所以水（或其他溶剂）分子优先吸收微波能，水分子由物料内部向表面移动，继续吸收微波能，水分变成水蒸气而被排走，从而迅速完成干燥的目的。

② 水分气化所需的热能并不依靠物料本身的热传导，而是依靠微波深入到物料内部，并在物料内部转化为热能，因此微波干燥的速率很快。

③ 微波加热是一种内部加热方式，且含水量较多的部位，吸收能量也较多，即具有自动平衡性能，从而可避免常规干燥过程中的表面硬化和内外干燥不均匀现象。

④ 微波干燥的热效率较高，并可避免操作环境的高温，劳动条件较好。

⑤ 设备投资大，能耗高，若安全防护措施欠妥，泄漏的微波会对人体造成伤害。

3.3.9　网带式干燥设备的结构与工作原理如何？有何特点？

（1）结构　网带式干燥设备是一种批量、连续式生产的干燥设备，其结构主要由箱体、上料传送斗、传送带、散热管、出料传送斗、箱体长度排气管等部分组成，如图 3-17 所示。主要加热方式有电加热、蒸汽加热、热风加热。为了节约场地，可将网带式干燥设备做成多层式，常见的有二室三层、二室五层、长度 $6 \sim 40m$，有效宽度 $0.6 \sim 3.0m$。

（2）网带式干燥设备的工作原理　网带式干燥设备工作原理是将物料均匀地平铺在网带上，网带采用 $12 \sim 60$ 目的钢丝网带，由传动装置拖动在干燥机内往返移动，热风在物料间

 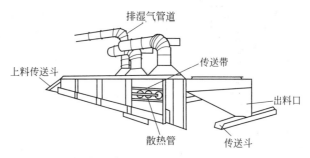

图 3-17 网带式干燥设备

穿流而过，水蒸气从排湿孔中排出，从而达到干燥的目的。

（3）网带式干燥设备的特点 占地面积小、投资小、能效率高、产量大、蒸发强度大、标准化生产，可根据产量增加段数。主要用于透气性较好的片状、条状、颗粒状物料的干燥。

3.3.10 除湿干燥器的结构与工作原理如何？有何特点？

（1）除湿干燥器的结构 除湿是去除固体物料中含有的湿分（水或有机溶剂）。除湿干燥器主要由鼓风机、加热器、控制阀、微型过滤器、再生加热器、分子筛吸湿罐、排风管、温度传感器等部分组成，如图 3-18 所示。

（2）工作原理 塑料粒子静止堆积在料筒中，由分子筛除湿加热后的热空气由下往上对流通过塑料粒子层，吸湿后的分子筛通过加热再生可重复使用。

除湿干燥器干燥时，需要干燥的塑料粒子静止堆积在料筒中，除湿加热后的干热空气经风嘴由下往上吹，吹过塑粒层，如图 3-18 所示，带走从塑料粒子中汽化的水分，再从料筒顶部逸出，由鼓风机吹进分子筛吸湿罐，经除湿加热后从新循环进入料筒中。待分子筛吸湿罐中的水分达到饱和时，两只切换阀门便会自动切换到分子筛吸湿罐，而吸湿罐则进行加热再生，以重复使用。除湿空气干燥机的干燥过程主要依靠塑料粒子表面的水气分压与热空

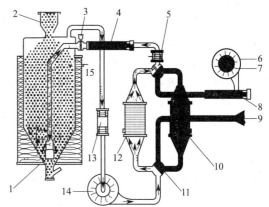

图 3-18 除湿干燥装置结构
1—风嘴；2—塑料原料；3—关闭阀；4—加热器；
5，11—方向阀；6，14—鼓风机；7，13—微型过滤器；
8—再生加热器；9—排风管；10，12—分子筛吸
湿罐；15—温度传感器

气中水气分压之差 Δp 来推动。热空气越干，Δp 越大，干燥效率就越高。而热空气的干湿程度是用露点来衡量的，露点是指在冷却过程中，空气中的水分开始凝露时的温度值。空气露点越低，空气越干。一般说来，空气的极限露点温度为 $-15℃$ 至 $-18℃$，除湿空气干燥机中热空气流的露点温度通常控制在低于 $-30℃$，除湿后的物料可直接成型。

3.3.11 干燥器设备中旋风分离器的作用是什么？结构与工作原理如何？

（1）作用 旋风分离器是利用离心力分离气流中固体颗粒或液滴的设备。旋风分离器的

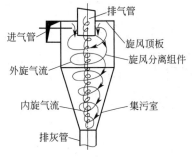

进气管

排气管

旋风顶板

旋风分离组件

外旋气流

内旋气流

集污室

排灰管

图 3-19　常见旋风分离器结构

主要功能是尽可能除去输送气体中携带的固体颗粒杂质和液滴，达到气固液分离。主要用于净化大于 $5 \sim 10 \mu m$ 的非黏性、非纤维的干燥粉尘。

（2）结构组成　旋风分离器常见结构是上部呈圆筒形，下部呈圆锥形。主要由旋风顶板、集污室、进排气管、排灰管、旋风分离组件等部分组成，如图 3-19 所示，其中旋风分离组件是旋风分离器的核心部件，它通常由多根旋风分离管呈叠加布置组装而成。

旋风分离器工作时，当含杂质气体沿轴向进入旋风分离管后，气流受导向叶片的导流作用而产生强烈旋转，气流沿筒体呈螺旋形向下进入旋风筒体，密度大的尘粒和液滴在离心力作用下被甩向器壁，并在重力作用下，沿筒壁下落流出旋风管排尘口，从设备底部的出口流出。旋转的气流在筒体内收缩向中心流动，向上形成二次涡流经导气管流至净化室，再经设备顶部出口流出。

3.4　塑料原料干燥设备操作疑难处理实例解答

3.4.1　塑料对流干燥的过程是怎样的？

对流干燥过程可以是连续的，也可以是间歇的，图 3-20 所示是典型的对流干燥流程。空气经预热器加热至适当温度后，进入干燥器。在干燥器内，气流与湿物料直接接触。沿其行程，气体温度降低，湿含量增加，废气自干燥器另一端排出。若为间歇过程，湿物料成批放入干燥器内，待干燥至指定的含湿要求后一次取出。若为连续过程，物料被连续地加入与排出，物料与气流可呈并流、逆流或其他形式的接触。

在对流干燥中，热空气与湿物料间存在传热和传质两种过程，如图 3-21 所示，空气经过预热升温后，从湿物料的表面流过。热气流将热能传至物料表面，再由表面传至物料内部，这是一个传热过程；同时，水分从物料内部气化扩散至物料表面，水汽透过物料表面的气膜扩散至热气流的主体，这是一个传质过程。因此，对流干燥过程属于传热和传质相结合的过程。干燥速率既和传热速率有关，又和传质速率有关。在干燥过程中，干燥介质既是载热体又是载湿体。干燥进行的必要条件是物料表面气膜两侧必须有压力差，即被干燥物料表面所产生的水汽压力必须大于干燥介质（空气）中水汽分压。两者的压力差大小表示气化水分的推动力。压力差越大，干燥过程的进行越迅速。所以，必须用干燥介质及时地将气化的水分带走，以保持一定的传质推动力。

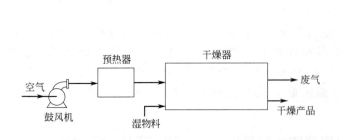

预热器

干燥器

空气

鼓风机

湿物料

废气

干燥产品

图 3-20　对流干燥流程

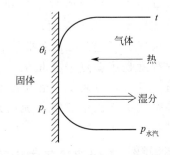

t

气体

热

固体

湿分

θ_i

p_i

$p_{水汽}$

图 3-21　对流干燥过程

3.4.2　在对流干燥过程影响塑料干燥速率的因素有哪些？

在对流干燥过程中，影响塑料干燥速率的因素主要有三个方面：湿物料、干燥介质和干燥设备等。

（1）湿物料

① 物料的性质和形状　包括湿物料的物理结构、化学组成、形状和大小、物料层的厚薄，以及水分的结合方式等。物料的形状、大小和物料层的厚薄影响物料的临界含水量。在降速干燥阶段，物料的性质和形状对干燥速率起决定性影响。

② 物料的温度　物料的温度越高，则干燥速率越大。但物料的温度与干燥介质的温度和湿度有关。

③ 物料的含水量　物料的最初、最终以及临界含水量决定干燥各阶段所需时间的长短。

（2）干燥介质

① 干燥介质的温度和湿度　干燥介质（空气）的温度越高、湿度越低，则等速阶段的干燥速率越大，但是以不损害物料为原则。有些干燥设备采用分段中间加热方式可以避免过高的介质温度。

② 干燥介质的流速和流向　在等速干燥阶段，提高气速可以提高干燥速率。介质的流动方向垂直于物料表面的干燥速率比平行时要大。在降速干燥阶段，气速和流向对干燥速率影响很小。

（3）干燥设备　对流干燥器的构造有多种形式，如厢式、料斗式、网带式等，不同的结构对物料的干燥速率也不同，应结合物料和生产的情况加以选择。

3.4.3　塑料干燥的操作条件应如何确定？

塑料干燥的操作条件与干燥器的形式、物料的特性及干燥过程的工艺要求等很多因素有关，而且干燥介质的温度和湿度等各种操作条件之间又是相互制约的，所以干燥过程的最佳操作条件应综合考虑，一般的选择原则有以下几方面：

（1）干燥介质的选择　干燥介质的选择，决定于干燥过程的工艺及可利用的热源。基本的热源有饱和水蒸气、液态或气态的燃料和电能。在对流干燥中，干燥介质可采用空气、惰性气体、烟道气和过热蒸汽。

当干燥操作温度不太高且氧气的存在不影响被干燥物料的性能时，可采用热空气作为干燥介质。对某些易氧化的物料，或从物料中蒸发出易爆的气体时，则宜采用惰性气体作为干燥介质。烟道气适用于高温干燥，但要求被干燥的物料不怕污染且不与烟气中的 SO_2 和 CO_2 等气体发生作用。由于烟道气温度高，故可强化干燥过程，缩短干燥时间。此外，还应考虑干燥介质的经济性及来源。

（2）流动方式的选择　气体和物料在干燥器中的流动方式，一般可分为逆流、并流和错流。

逆流干燥是物料移动方向和介质的流动方向相反的操作，整个干燥过程中的干燥推动力较均匀，它主要适用于物料含水量高，且不允许采用快速干燥的场合；或在干燥后期可耐高温的物料，或要求干燥产品的含水量很低的情况。

并流干燥是物料的移动方向与介质的流动方向相同的操作。与逆流操作相比，若气体初始温度相同，并流时物料的出口温度可较逆流时为低，被物料带走的热量就少。就干燥强度和经济性而论，并流优于逆流，但并流干燥的推动力沿流向逐渐下降，后期变得很小，使干燥速率降低，因而难于获得含水量低的产品。并流干燥的操作主要适用于物料含水量较高，且允许进行快速干燥而不产生龟裂或焦化的物料；或干燥后期不耐高温，即干燥产品易变色、氧化或分解等的物料。

错流干燥是干燥介质与物料间运动方向相互垂直的操作。各个位置上的物料都与高温、低湿的介质相接触，因此干燥推动力比较大，又可采用较高的气体速度，所以干燥速率很高。它主要适用于无论在高或低的含水量情况下都可以进行快速干燥，且可耐高温的物料；或因阻力大或干燥器构造的要求不适宜采用并流或逆流操作的场合。

（3）干燥介质进入干燥器时的温度　为了强化干燥过程和提高经济性，干燥介质的进口温度宜保持在物料允许的最高温度范围内，但也应考虑避免物料发生变色、分解等理化变化。对于同一种物料，允许介质的进口温度随干燥器形式不同而异。

（4）干燥介质离开干燥器时的相对湿度和温度　增高干燥介质离开干燥器的相对湿度，可以减少空气消耗量及传热量，即可降低操作费用；但因介质离开干燥器的相对湿度增大，即介质中水气的分压增高，会使干燥过程的平均推动力下降，干燥速率下降。

干燥介质离开干燥器的温度增高，则热损失大，干燥热效率就低；若离开干燥器的温度降低，湿度又会较高，此时湿空气可能会在干燥器后面的设备和管路中析出水滴，因此，会破坏干燥的正常操作。因此，操作时应综合介质的相对湿度和温度加以考虑。

（5）物料离开干燥器时的温度　物料出口温度与很多因素有关，但主要取决于物料的临界含水量值及降速干燥阶段的传质系数。临界含水量值越低，物料出口温度越低；传质系数越高，物料出口温度也越低。

3.4.4 塑料干燥操作过程中应如何节能？

塑料干燥时的能量消耗一般都较大，因此，必须设法提高干燥设备的能量利用率，节约能源，采取措施改变干燥设备的操作条件，选择热效率高的干燥装置，回收排出的废气中部分热量等来降低生产成本。干燥操作可通过以下途径进行节能：

（1）减少干燥过程的各项热量损失　一般来说，干燥器的热损失不会超过 10%，大中型生产装置若保温适当，热损失约为 5%。因此，要做好干燥系统的保温工作，求取一个最佳保温层的厚度。

为防止干燥系统的渗漏，一般在干燥系统中采用送风机和副风机串联使用，经过合理调整使系统处于零表压状态操作，这样可以避免对流干燥器因干燥介质的泄漏造成干燥器热效率的下降。

（2）降低干燥器的蒸发负荷　物料进入干燥器前，通过过滤、离心分离或蒸发等预脱水方法，增加物料中固体含量，降低干燥器蒸发负荷，这是干燥器节能的最有效方法之一。例如，将固体含量为 30% 的料液增浓到 32%，其产量和热量利用率提高约 9%。对于液体物料（如溶液、悬浮液、乳浊液等），干燥前进行预热也可以节能，因为在对流式干燥器内加热物料利用的是空气显热，而预热则是利用水蒸气的潜热或废热等。对于喷雾干燥，料液预热还有利于雾化。

（3）提高干燥器入口空气温度，降低出口废气温度　由干燥器热效率定义可知，提高干燥器入口热空气温度，有利于提高干燥器热效率。但是，入口温度受产品允许温度限制。在并流的颗粒悬浮干燥器中，颗粒表面温度比较低，因此，干燥器入口热空气温度可以比产品允许温度高很多。

一般来说，对流式干燥器的能耗主要由蒸发水分和废气带走这两部分组成，而后一部分占 $15\%\sim40\%$，有的高达 60%，因此，降低干燥器出口废气温度比提高进口热空气温度更经济，既可以提高干燥器热效率，又可增加生产能力。

（4）部分废气循环　部分废气循环的干燥系统，利用部分废气中的部分余热使干燥器的热效率有所提高，但随着废气循环量的增加热空气的湿含量也增加，干燥速率将随之降低，使物料干燥时间增加而带来干燥装置费用的增加。因此，存在一个最佳废气循环量的问题。一般的废气循环量为总气量的20%～30%。

3.4.5 塑料干燥时干燥工艺应如何控制？

塑料干燥时必须控制的工艺条件主要是物料的干燥温度、干燥时间和料层厚度等。对于塑料的干燥，干燥温度一般应控制在塑料的软化温度、热变形温度或玻璃化温度以下；为了缩短干燥时间，可适当提高温度，以干燥时塑料颗粒不结成团为原则，一般不超过100℃。而对于填料及其他物料，其干燥温度一般在100℃左右。注意干燥时温度不能太低，否则不易排除水分。

物料干燥时间与干燥的温度有关，一般温度高，干燥时间可稍短些；相反，干燥温度低时，干燥时间需长些。一般干燥时间也不宜过长，否则浪费能源，效率低，不经济，还会导致物料出现过热分解；时间太短，会干燥不完全。干燥时料层厚度不宜大，一般为20～50mm。干燥时还应注意：①干燥后的原料要立即使用，如果暂时不用，要密封存放，以免再吸湿；长时间不用的已干燥的树脂，使用前应重新干燥。②对于不易吸湿的塑料原料，如PE、PP、PS、POM等，如果储存良好、包装严密，一般可不干燥。

物料的干燥后一般要求水分含量在0.05%～0.3%以下，对高温易水解的物料如聚碳酸酯要求更高，水分含量应在0.03%以下。常用树脂的干燥条件及吸湿率如表3-1所示。

表 3-1　常用树脂的干燥条件及吸湿率

树脂名称	吸水率(ASTM方法)/%	干燥温度/℃	干燥时间/h
聚苯乙烯(通用)	0.1～0.3	75～85	2以上
AS树脂	0.2～0.3	75～85	2～4以上
ABS树脂	0.1～0.3	80～100	2～4以上
丙烯酸酯树脂	0.2～0.4	80～100	2～6以上
聚乙烯	0.01以下	70～80	1以上
聚丙烯	0.01以下	70～80	1以上
聚酰胺(Nylon)	1.5～3.5	80	2～10以上
聚碳酸酯	0.14～0.25	80～90	2～4以上
硬质聚氯乙烯树脂	0.1～0.4	60～80	1以上
PBT树脂	0.30	130～140	4～5以上
ER-PET	0.10	130～140	4～5以上

3.4.6 真空干燥箱应如何操作？

采用真空干燥箱干燥物料时，其操作可按如下步骤进行：

① 首先将需干燥处理的物料放入真空干燥箱内，将箱门关上，并关闭放气阀，开启真空阀。

② 将真空干燥箱后面的导气管用橡胶管与真空泵连接，接通真空泵电源开始抽气，当真空表指数值达到0.1MPa时，关闭真空阀，再关闭真空泵电源开关。

③ 把真空干燥箱电源开关拨至"开"处，选择所需设定的温度，箱内温度开始上升，当箱内温度接近设定温度时，加热指示灯忽亮忽熄，反复多次，一般120min以内搁板层面可进入恒温状态。

④ 当所需工作温度较低时，可采用二次设定方法，如所需温度为60℃，第一次可设定

50℃，等温度过冲开始回落后，再第二次设定 60℃。这样可降低甚至杜绝温度过冲现象，尽快进入恒温状态。

⑤ 根据不同物品潮湿程度，选择不同的干燥时间，如干燥时间较长，真空度下降，需再次抽气恢复真空度，应先开启真空泵电源开关，再开启真空阀。

⑥ 干燥结束后应先关闭干燥箱电源，开启放气阀，解除箱内真空状态，再打开箱门取出物品。解除真空后，如密封圈与玻璃门吸紧变形，不易立即打开箱门，经过一段时间后，等密封圈恢复原形后，才能方便开启箱门。

真空干燥箱操作时还应注意以下几方面：

① 真空箱外壳必须有效接地，以确保使用安全。

② 真空箱不需连续抽气时，应先关闭真空阀，再关闭真空泵电机电源，否则真空泵油要倒灌至箱内。

3.4.7 双锥回转真空干燥器的操作步骤如何？

双锥回转真空干燥器可以分以下几个步骤进行操作：

① 检查各传动系统是否运转正常，各紧固部件是否紧固；需润滑的部位是否已注油；仪器、仪表、各类泵、阀门是否正常。

② 检查电控柜各仪表、按钮、指示灯是否正常，检查接地线是否良好，有无漏电、短路现象存在；检查各种管道进出水、液、汽应畅通；检查调速按钮是否在零的位置；如果是采用蒸汽加热的要检查干燥机转鼓夹套内的水是否被排干净，排完夹套中的水后要关闭旁通，打开疏水阀。

③ 检查干燥机转鼓的出料口和入口是否密闭，螺丝等是否拧紧；检查干燥机转鼓内是否清洁到位，经常检查干燥机内转鼓袋是否堵塞、破损，应及时清洗更换，保持真空畅通；检查出料工具是否齐全和清洁。

④ 确认设备周围无人、无障碍后，启动真空泵，打开干燥机真空泵阀门，关闭放空阀，以检查干燥机真空是否符合要求。

⑤ 启动干燥机电机电源，旋转调速机按钮，使干燥机的转鼓缓缓转动，将干燥机进料转鼓入口转到干燥台上方，停止转动。

⑥ 加料。控制加料量占干燥器容积的 30%～50%，最大不得超过 65%。采用真空加料方式时，将干燥机的进料口接上进料管，用真空抽料，待湿物料抽完后，卸下进料管，关闭进料口阀门。

若直接从干燥机转鼓入口倒料，则应先关闭干燥机转鼓的真空阀门，慢慢打开放空阀门，并将转鼓内的压力放置常压后，关闭放空阀门。打开加料口盖，将待干燥的物料放入转鼓中。进完料后，再盖上加料口盖，拧紧螺丝。

若采用螺杆加料机加料，则先启动螺杆加料机的电机，将物料按一定速度，通过螺杆加料机加入到干燥机的转鼓中。加完物料后，关闭螺杆加料机的电源，盖上加料口盖，并拧紧螺丝。

⑦ 进料完毕，将转鼓的真空阀门打开，待到转鼓内真空度上升到规定值后，便可升温干燥。在开始加热的同时，应启动干燥机转鼓的调速按钮。用热水加热时，应先关闭旁通和疏水阀，打开干燥机转鼓夹套的进、出水阀门，然后启动热水循环泵，进行加热。

若用蒸汽加热，则应先打开干燥机夹套疏水阀门，关闭旁通，打开蒸汽阀门，控制蒸汽压力在 0.1MPa。

⑧ 干燥过程中应每隔几分钟查看一次干燥情况，以及真空表、温度计等，并做好相关

记录。

⑨ 干燥完毕后，关闭蒸汽阀门和疏水阀（或关闭热水进水和回收阀门），打开干燥机循环冷却水进行冷却。调节调速按钮，使干燥机停止转动，并使干燥器转鼓出料口朝下，关闭电源。同时关上真空阀门，打开放空阀门，放空，并停真空泵，然后将干燥器出料口换上布套，开始排料。

⑩ 出完料后，关闭加料器，并对设备、现场等进行清洁、清理工作。

3.4.8　双锥回转真空干燥器在使用过程中应注意哪些问题？

双锥回转真空干燥器在使用过程中应注意以下方面的问题：

① 开启转鼓电机按钮时，应旋转调速机按钮，控制转速从零慢慢调高，一般转速约为 6r/min。

② 关闭时，应先把调节机转鼓慢慢调为零，再关调节机电源，关转鼓电机按钮。

③ 正反转操作时一定要注意，转鼓关闭操作以后，等到电动机不转以后再控制正反转，否则电机损坏。正反转判断方法，从电动机一侧看，应逆时针方向转为正转，不得反转。

④ 加料时要注意，缓慢转动停好位置（转鼓口斜靠操作台），安装管路时注意安全，并防止超量，物料内不得夹带有块状的坚硬物体。洗完后，必须拆下吸料软管再转。

⑤ 升温操作中转鼓内一定要有真空，否则会关闭喷料或爆炸。

⑥ 干燥时，蒸汽开启一定要缓慢，开启后夹套压力不得超过 0.25MPa，物料干燥时温度不能过高，否则影响干燥质量。

⑦ 螺杆加料机或螺杆出料机运转时，禁止把手伸进其内壁操作，以防绞伤。转鼓作业时严禁人员靠近，防止机械伤害。

⑧ 干燥过程中要求操作人员每隔几分钟查看一次干燥情况，应定期检查真空表、温度计，定期检查各活动部件转动是否灵活，发现问题应及时停车修复，不得勉强使用，并做好相关记录。

⑨ 主机真空管与主机之间采用旋转轴承形式密封圈（材质为氟橡胶），当发现漏气时，应立即更换。

3.4.9　采用带式干燥机干燥时应如何进行安全操作？

① 在进行物料的干燥时，运行前，检查阀门管道有无泄漏；各转动摩擦部位均应定期进行润滑；检查带式干燥机各风机、电控箱电源接地线是否可靠；检查带式干燥机各仪器仪表指示是否正常，检查各零部件、紧固部位有无松动，有无异常声音，发现故障及时排除；检查三角皮带、链条等一些传动机构是否变形松弛和磨损，及时调节链条松紧度。

② 操作人员在工作前，应穿戴好劳动防护用品。在设备运行时，不能直接用手接触阀门、机体的转动部位等，以免被烫伤。操作人员不能湿手接触电源开关，以免发生触电。

③ 设定合理正确的干燥温度，物料不能落入发热管内，以免烧坏电机，或者是发生火灾。

④ 带式干燥机的运行应是正常的，机身应运行平稳，其主轴应注意是否有弯曲变形等，如有则设备不能使用。

⑤ 停机时，应在带式干燥机冷却至关机温度后，才能停机。

3.4.10 沸腾床干燥器应如何安全操作？

① 开启压缩空气阀门，检查设备上各个密封部位密封条是否嵌入到位并密封良好，巡视设备，看外观及各连接是否正常，接地是否充分，确认无异常后方可进行下一步操作。

② 检查油雾器内润滑油是否清洁、足量；分水过滤器内的积液是否及时排放；清扫进风口异物及粉尘。

③ 检查容器通风是否流畅，容器是否清洁、干燥；检查布袋是否完好、清洁、干净、悬挂捆绑牢固；连接好各进料管、进空气管道。

④ 开机。打开控制柜电源→启动控制电源钥匙开关→程序启动→安装滤袋→滤袋锁紧→旋进喷雾室→推入原料容器（接插好物料温度传感器和接地线）→气囊充气→启动风机→滤袋清粉→调整进风温度控制仪表的参数→加热→快速开关疏水阀旁边的旁通阀门，打开时间约3s，重复两到三次。

⑤ 试车。首先检查引风机旋向：启动1~2s后停止，观察风机旋向是否与蜗壳上的标记一致，如果旋向相反，应报修调整旋向，使风机叶轮旋向与蜗壳上的标记一致。再检查各处密封应严密无泄漏；检查各执行汽缸动作是否灵敏；然后启动风机及加热，检查各测温点的温度传感器是否正常。

⑥ 加料。采用人工加料时应在拉出原料容器前取下原料容器的温度传感器和接地线，若采用真空吸料，则在启动系统至运行滤袋清粉状态时，调节进风调节阀至一挡，打开进料阀，利用胶管使物料在引风机的负压抽吸下进入容器。真空吸料结束后，关闭进料阀，适当将进风调节阀开大，使物料有良好的流化状态即可。

⑦ 干燥器运行过程中，经常观察被干燥物料的流化状态，一般流化高度以不超过喷雾室的观察视镜的高度为宜。当流化态差时，可通过调节进风量来改善流化状态；若出现异常情况如沟流、结块时可启动鼓噪功能，待流化状态趋于正常后，停止鼓噪，重新干燥作业；若鼓噪还不能改善流化状态应停机处理。还应注意观察引风机出口有无跑料，若有跑料现象，则布袋可能出现了断纤、穿孔、破裂等，应立即停机更换或缝补。另外，还应经常检查各密封是否良好，有无漏气。

⑧ 颗粒水分干燥达到工艺要求后，即可结束干燥，进行停机操作。停机操作程序是：加热停止→物料降温至工艺要求后→风机停→人工清粉→气囊排气→容器降→取下物料温度传感器和接地线→拉出原料容器卸料→或旋出喷雾室→拆下滤袋→清理残留物料→关闭蒸汽主进气阀、压缩空气主进气阀。

3.4.11 沸腾床干燥器操作过程中应注意哪些问题？

① 经常清理清扫加热器、风机、容器及干燥室内外、气缸、控制柜集灰、污垢，保持设备清洁。

② 进气源（空气处理器）的油雾器要经常检查，在空气处理器的油雾器油筒（靠出气侧）内加入5#、7#机械油（变压器油），装油量为油雾器总量的2/3；分水滤气器内有水时应及时排放。

③ 喷雾干燥室的支撑轴承转动应灵活，转动处每天清洗并滴入润滑油5~8滴。

④ 设备闲置不用时，应每隔15天启动一次，启动时间不少于20min，防止电磁阀、汽缸等因时间过长润滑油干枯，造成电磁阀和汽缸损坏。

⑤ 及时清洗设备，清洗方法是：拉出原料容器、喷雾干燥室，放下滤袋架，取下捕集

袋，关闭风门，清理残留在主机各部分的物料，特别是对原料容器内气流分布板上的缝隙要彻底清洗干净。对布袋应及时清洗干净，烘干备用。

⑥ 布袋安装好后应松开钢丝绳以防钢丝绳受力断裂或损坏气缸和其他部件。出料前抖动布袋清灰，并取下物料温度传感器。发现跑料或布袋破损或干燥效率低下时应及时更换布袋。

⑦ 每次投入湿料总量应小于200kg。气囊充气压力控制在0.05～0.1MPa，过大会损坏气囊。

3.4.12　气流干燥器应如何安全操作？

① 检查气流干燥器各控制点、机械传动点有无异常情况，蒸汽、压缩空气输送管道是否完好，安全无误方可进行操作。

② 首先启动引风机，使蝶阀开启在所需的刻度，保证气体流量。启动空气压缩机，控制调节多路压缩空气在设计压力工艺条件下作业。

③ 开启布袋脉冲控制器反吹系统，并调节反吹频率，保证气体进口压力在0.5～0.6MPa下工作。

④ 将湿物料投入加料斗中，启动热风炉加热，使干燥机的空气进口温度逐渐上升。当干燥机的空气出口温度超过110℃时，启动螺旋输料电机，调节控制加料速度，保证出口温度在60℃左右时稳定。待进口温度达到130～150℃时，重新调节输料电机速度，控制干燥器进口、出口温度在设计温度工艺条件下作业。

⑤ 观察系统中各设备（及其他部位）运转是否正常，取样检测物料的干燥质量，合格后包装、入库。

⑥ 干燥完成后，首先应停止螺旋加料器加料。将干燥机中余料继续吹干，并带出机外，半小时以后停掉热风炉，之后停止引风机引风。

⑦ 停止空气压缩机，停止布袋除尘器反吹系统，关闭控制仪表。

3.4.13　气流干燥器工作过程中主要应控制哪些方面？出现的异常情况应如何排除？

（1）主要控制方面

在气流干燥操作中主要控制干燥器中的空气流量、空气进口和出口温度、加料量。其中加料量作为从属变量调节。

（2）异常情况与排除

在气流干燥过程中，由于控制操作不当可能会导致物料的干燥出现一系列不正常现象，如进出口气流温度偏高，系统压力不平衡、布袋除尘器出口冒料、系统压力剧增等。出现不正常现象时，相应的解决办法是：

① 在气体进口温度一定，其他条件正常下，若气体出口温度高，则可缓慢提高加料器转速以增加进料量，使气体出口温度降至需要的温度；反之，若气体出口温度低，则可降低螺旋加料器转速，以减少进料量，使气体出口温度升至需要的温度。

② 当气流干燥器气体进口温度高、干燥塔内负压低时必须降低加料速度待塔内负压回升稳定后再重新调节加料速度，保证出口温度为设计值。

③ 若出现系统压力不平衡，则应检查系统是否有漏气或堵塞，以及测压管是否有堵塞。如果有漏气或堵塞现象，应进行加强密封或清理。

④ 干燥过程中布袋除尘器气体出口冒粉料时，则应检查布袋是否脱落或破损，及时更

换、维修。

⑤ 干燥过程中若遇突然长时间停电，则应及时清洗干燥器内部，以防止干燥器内物料干而硬，堵塞干燥器出料口。

⑥ 在气流干燥过程中如系统压力突然剧增，而又无法消除，则要马上切断电源，操作人员迅速离开操作现场，以防泄爆时伤害人身。操作过程中如泄爆阀突然打开，必须在第一时间内疏散人员并首先关掉引风机再关掉进料器。

3.4.14 远红外干燥器应如何操作？操作过程中应注意哪些方面？

（1）操作方法

① 检查通风系统与加热系统是否正常，发现故障及时排除。

② 把需干燥处理的物料放入干燥箱内，关好箱门。

③ 把电源开关拨至"1"处，此时电源指示灯亮，控温仪上有数字显示。

④ 温度设定：先按控温仪的功能键"SET"进入温度设定状态，通过光标移动选择设定的温度后，按功能键"SET"确认。

⑤ 定时设定：当 PV 窗显示 T1 时，进入定时设定，出厂时一般设定为 0000，表示定时器不工作；如不需要定，即可按 SET 键退出，如需定 1h，可用移位键配合加键设定所需时间，设定的各项数据可长期保存。设定结束后，按 SET 键确认退出。

⑥ 打开升温开关，干燥箱进入升温状态，加热指示灯亮，当干燥器内温度接近设定温度时，加热指示灯忽亮忽暗，反复多次，控制进入恒温状态。如使用定时功能，只有第一次箱内温度高于设定温度时，定时器开始工作，同时切断加热器电源。定时运行中，如要观察温度设定，按移位键即可转换。

⑦ 干燥结束后，把电源开关拨至"0"处，如马上打开干燥器门取出物料，应防止被高温物料烫伤。

⑧ 关闭排风管道电源，检查风口停风状况，确保已关闭；关闭主机加热系统；关闭主机电源；打开干燥器门，放置 10min，再带好保护措施去取出已生产完的产品；关闭总电源与整体系统。

（2）操作注意事项

① 干燥器应放置在具有良好通风条件的室内，在周围不可放置易燃易爆物品；干燥器外壳必须有效接地，以保证用电安全。

② 干燥器内物品放置切勿过挤，必须留出空间，以利热空气循环；干燥器无防爆装置，不得放入易燃易爆物品干燥。

③ 机器工作时禁止修改参数，应停机修改。

④ 机器出现故障时，第一时间按急停键，停止机器的动作，并向上级汇报；每次开机前确保没有其他人员靠近危险区域，若有则告之离开。

3.4.15 微波干燥器应如何操作？操作过程中应注意哪些问题？

（1）操作步骤

① 检查设备电源是否正常，设备必须做到接地良好；检查干燥器门是否完好；将控制面板上的所有控制开关置于"关"的状态。

② 合上总电源空气开关；将调速电机控制器面板显示调节置于零状态；旋开急停开关，控制系统电路通电，指示灯亮；打开监控开关，测温仪显示室温；微波开关待机灯亮。

③ 打开排热、排湿开关。

④ 开风机，启动传动按钮，调节调速器的按键或旋钮，选择合适的电机速度；将物料加入干燥器。

⑤ 打开微波，选择微波输出功率。

⑥ 干燥过程中注意观察阳极电流表，监控磁控管的工作情况，一般磁控管工作电流应在0.28～0.3A范围内。

⑦ 干燥完成后，首先停止微波，再关闭排湿、排热开关，然后关闭传动装置，10～15min后关散热风机，再关闭急停开关，最后关总电源。

⑧ 干燥过程中如遇到异常情况需短时间停机时，一般情况可先关掉微波开关，停止微波输出；紧急情况下可先按下急停开关，再关掉微波开关及其他装置。

（2）操作中应注意的问题

① 为了保证操作人员的安全，微波干燥器控制系统的门、传动、排热、排湿、风机与微波是联锁的，即在微波开关开启之前必须先关门，开传动、排热、排湿、风机的开关才能有效开启；若需要在传动停止的情况下开启微波，只需把传动的主电路断路器关掉即可达到目的。

② 为提高磁控管和其他元器件的寿命，建议在环境温度超过35℃以上的情况下每工作4h关机冷却30min。

③ 在微波干燥过程中出现的不正常现象应及时排除。常见的不正常现象及排除方法如表3-2所示。

表3-2　常见的不正常现象及排除方法

现　象	原　因	排除方法
低压加不上	断路器断开或接触不良	要换掉断路器，检查并扭紧断路器接头
微波加不上	1. 温度开关损坏	更换温度开关
	2. 接触器线包烧坏	更换接触器
微波开启后断路器跳断	1. 磁控管或变压器烧坏	环磁控管或变压器
	2. 倍压整流二极管击穿	换二极管
	3. 高压电容击穿短路	换高压电容
微波指示不正常	1. 插头接触不良	检查并插好
	2. 电容或二极管开路，磁控管没高压	换电容或二极管
	3. 变压器初级或次级烧坏	换变压器
	4. 磁控管灯丝断	换磁控管
	5. 磁控管老化	换磁控管
机壳带电	1. 接地不良	检查地线、接触要良好
	2. 地线脱落	重新接牢
风机不工作或声音异常	1. 三相电源缺相	检查原因加以排除
	2. 风机叶碰外壳	修理风机叶
传动带停止或异常	1. 调速器保险烧断	换保险
	2. 电机烧坏	换电机
	3. 减速器异常	检修减速器

3.4.16　滚筒式干燥器应如何操作？

① 开机前检查热风炉、导管、调节阀门、给料送料及其他辅助设备是否正常，无异常情况方可开机。

② 热风炉升温。升温应缓慢进行，切忌升温过快。在整个升温过程中，热风炉的出口温度应控制在150℃以内，以排出炉内的水分，避免突然升温造成热风炉损坏。正常使用条

件下，升温时间不得少于 1h。

③ 空车试运转。检查各运转部位润滑情况，然后启动电机，检查正反转情况，观察各运转部位有无异常。无异常后即可进行联动试车。

④ 试运转正常后，启动引风机，开启除尘压缩空气系统，将压力调至 0.5～0.7MPa。启动加料输送系统，控制出口温度在 60～100℃内。当出风口温度低时，可调低滚筒转速，从而减少出料或上料的数量。当出口温度偏高时，可提高滚筒转速，增加出料量或上料量。

⑤ 停机前先降低热风炉温度，降温过程中，相应减少加料量，当热风入口温度降低后，停止加料。当出料口无料输出时，先关闭滚筒，再关出料，然后关闭风器和引风机。

第❹章

塑料原料混合设备操作与疑难处理实例解答

4.1　研磨设备结构疑难处理实例解答

4.1.1　物料研磨的作用是什么？研磨设备的类型有哪些？各有何结构特点？

（1）研磨的作用　研磨是用外力对物料进行碾压、研细的加工过程。配制色母料时或成型多组分着色塑料制品（如 PVC 有色薄膜等），物料混合之前常常需把分散性差、用量少的助剂（如着色剂、粉状稳定剂等）先进行研磨细化后，再与树脂及其他助剂混合，以提高其分散性和混合效率，保证制品的性能要求。经过研磨的物料，不仅能把颗粒细化，而且能降低颗粒的凝聚作用，使其更均匀地分散到塑料中。

（2）研磨设备的类型　研磨的设备有多种类型，常见的主要有三辊研磨机、球磨机、砂磨机、胶体磨等几种类型。

（3）各研磨设备的特点　三辊研磨机是生产中常用的研磨设备，主要用于浆状物料的研磨。采用三辊研磨时物料的细化分散效果好，能加工黏稠及极稠的色浆料，可连续化生产，可加入较高体积分数的颜料，换料、换色时清洗方便。但设备操作、维修保养技术要求较高，生产效率低，一般主要用于小批量的生产。

球磨机主要用于颜料与填料的细化处理，适于液体着色剂或配制成色浆料的研磨。球磨机研磨时不需预混合，可直接把颜料、溶剂及部分基料投入设备中进行研磨。其操作简单，维修量少。由于是密闭式操作，因此可适合挥发或含毒物浆料的加工，但操作周期长，噪声大，换色较困难，不能细化较黏稠的物料。

砂磨机主要用于液体着色剂及涂料的研磨，其生产效率高，可连续高速化操作，设备操作、维修保养简便，且价格便宜、投资少，应用广泛，但对于密度大、难分散的颜料，如炭黑、铁蓝等，灵活性较差，更换原料和颜色较困难。

胶体磨是一种无介质的研磨设备，通过转子的高速旋转对色浆料产生剪切、混合作用，使颜料料子得以细化分散。胶体磨使用方便，可连续化操作，生产效率高，但浆料黏度过高时，会使转子减速或停转，转子与定子间距最小为 $50\mu m$，大型胶体磨通常在 $100\sim200\mu m$ 间距下运行，因而不宜于分散细度要求较高的色浆。

4.1.2 三辊研磨机的结构组成如何？三辊研磨机的工作原理如何？

（1）三辊研磨机的结构组成　三辊研磨机主要由辊筒、挡料装置、调距装置、出料装置、传动装置和辊筒组成，如图 4-1 所示。

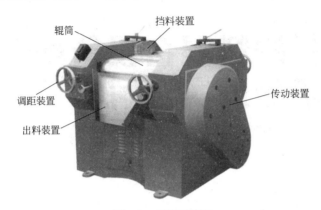

图 4-1　三辊研磨机

三辊研磨机的辊筒是对物料产生剪切挤压的场所，一般为 3 个等径辊筒平行排列组成，辊筒直径的大小决定研磨机规格的大小。通常情况下三辊研磨机的辊筒由冷硬合金铸铁离心铸造而成，表面硬度达 HS70 以上；辊筒的圆径经过高精密研磨，精确细腻，能使物料的研磨细度达到 $15\mu m$ 左右，因此能够生产出均匀细腻的高品质产品。

挡料装置位于慢、中速辊之间，挡板的位置可通过螺栓进行调节，其作用是防止加料时物料进入辊筒两端的轴承中。

调距装置的作用是调节辊间距离及压紧力，改变对物料的剪切和挤压作用以达到研磨的要求。

出料装置（刮刀片）一般多用钢板制成，其作用是将辊筒表面上的浆料刮下。为了有利于快速辊表面上的浆料刮下，应贴在快速辊的表面上，其刀口位置应设在高于辊筒轴线 3mm 处。

传动装置主要由电动机、减速箱、联轴器、速比齿轮组成，其作用是为各辊筒提供所需的转矩和转速。电动机通过三角皮带传动，经减速箱后，直接由联轴器传入中速辊，再通过速比齿轮来带动快、慢速两辊做同向旋转。

（2）三辊研磨机的工作原理　三辊研磨机有三个辊筒安装在铁制的机架上，中心在一直线上。辊筒可水平安装，也可稍有倾斜，钢质辊筒为中空，可以通水冷却，对其进行冷却。对物料的研磨是通过水平的三根辊筒的表面相互挤压及不同速度的摩擦而达到研磨效果。三辊研磨机工作时，三个辊筒在传动装置的驱动下，分别以大小不同的速度彼此相向旋转，如图 4-2 所

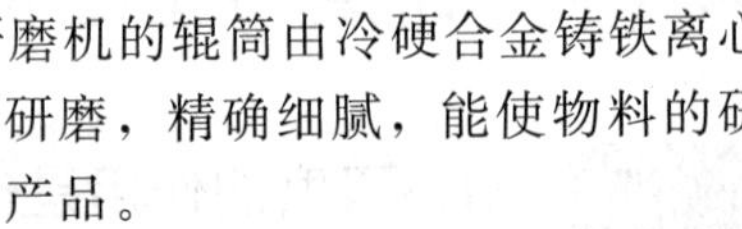

图 4-2　三辊研磨机的旋转状况

示，通常三个辊筒的速比为 1：3：9。原料由中辊和后辊及两块挡料板之间加入，由于相邻两辊间有一个速度差和辊隙间压力的存在，加入到相向旋转慢速与中速辊之间的物料大部分被带入辊隙中，经中、后两辊的相反异步旋转而引起原料的急剧摩擦翻动，并被辊筒挤压、剪切，而包在转速较快的中速辊上。由于强大的剪切外力破坏了原料颗粒内分子之间的结构

应力，物料被带入中速与高速辊辊隙后，再经中、前两辊高速的二次研磨，再次被挤压和剪切，而迅速地粉碎和分散，进而实现各种原料的高度均匀混合，且又包在快速辊上，最后被装在前辊前面的刮刀刮下。为了达到均匀研细的目的，物料通常需要研磨2~3遍，研磨的细度可由细度板测定，通常浆料的研磨细度都应达到50μm。

4.1.3 三辊研磨机应如何选用？

三辊研磨时的研磨质量和效率通常与辊筒的直径、工作长度、辊筒的转速及速比的大小等有关，因此在选用三辊研磨机时，通常以辊筒的直径、工作长度、辊筒的转速及速比的大小等参数来加以选择。三辊研磨机规格大小一般以辊筒直径来表征。表4-1所示为常用三辊研磨机的主要参数。

表 4-1　常用三辊研磨机的主要参数

项　　目	S-100	S-260	S-405
辊筒直径/mm	100	260	405
辊筒工作长度/mm	200	695	810
辊筒速比(慢:中:快速)	1:3:9	1:2.85:8.12	1:3:9
辊筒转速/(r/mm)			
中速辊	42	18	12
快速辊	125	51	37
慢速辊	375	145	114
电机功率/kW	7.5	7.5	15
电机转速/(r/min)	905	750	370
电压/V	380	380	380

4.1.4 球磨机的结构组成如何？工作原理怎样？应如何选用？

（1）球磨机结构组成　球磨机主要用于颜料与填料的细化处理，适于浆料的研磨。球磨机有多种结构类型，按物料形式来分有干式球磨机和湿式球磨机，按外形来分有立式球磨机、卧式球磨机等，图4-3所示是一种卧式球磨机。主要由筒体、电机、减速机、传动皮带、机架等组成。筒体内都装有许多大小不同的钢球或瓷球、钢化玻璃球等，球体的容积一般占圆筒容积的30%~35%。筒体内镶有耐磨衬板，具有良好的耐磨性。

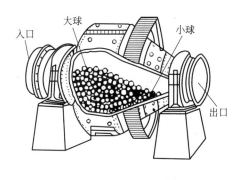

图 4-3　卧式球磨机结构

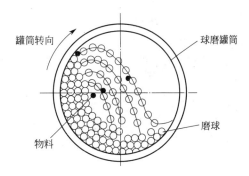

图 4-4　球磨机工作原理

（2）球磨机的工作原理　球磨机有一个回转的筒体，筒体内装有许多研磨球，如图4-4所示，研磨球的规格和材质种类很多，可根据研磨的物料选用研磨球。当球磨机工作时，研磨球由于离心力的作用贴在球磨机筒体内壁上，并与筒体一道回转，被带到一定高度自由落下，下落时研磨球将筒体内的物料粉碎，并靠研磨球与球磨机的内壁的研磨作用将物料粉碎。转动时，球体对加入的物料产生碰撞冲击及滑动摩擦，使物料粒子破碎，达到研细的目的。经研磨后的浆料通过球磨机的过滤网过滤，再排出。球磨机中过滤器的过滤网一般有三层，目数一般为 $80\sim100$ 目，应保证浆料的研磨细度在 $50\mu m$ 以下。

（3）球磨机的选用　球磨机的选用一般可根据其出料粒度及产量大小来选择其规格型号大小。球磨机的规格型号通常以磨筒的直径及长度大小来表征。表 4-2 所示为几种球磨机主要技术参数。

表 4-2　几种球磨机的主要技术参数

规格型号	筒体转速 /(r/min)	装球量 /t	给料粒度 /mm	出料粒度 /mm	产量 /(t/h)	电动机功率 /kW	机重 /t
$\Phi900\times1800$	38	1.5	≤20	0.075~0.89	0.65~2	18.5	3.6
$\Phi900\times3000$	38	2.7	≤20	0.075~0.89	1.1~3.5	22	4.5
$\Phi1200\times2400$	32	3.8	≤25	0.075~0.6	1.5~4.8	45	11.5
$\Phi1200\times4500$	32	7	≤25	0.074~0.4	1.6~5.8	55	13.8
$\Phi1500\times3000$	27	8	≤25	0.074~0.4	4~5	90	17
$\Phi1500\times4500$	27	14	≤25	0.074~0.4	3~7	110	21
$\Phi1500\times5700$	27	15	≤25	0.074~0.4	3.5~8	132	24.7

4.1.5　砂磨机的结构组成如何？工作原理怎样？

（1）砂磨机的结构组成　砂磨机又称珠磨机，是一种水平湿式连续性生产的超微粒分散机，主要用于液体物料的湿法研磨，砂磨机常见的有立式砂磨机、卧式砂磨机、篮式砂磨机、锥棒式砂磨机、纳米级卧式砂磨机等多种类型。砂磨机主要由机体、磨筒、砂磨盘（拨杆）、研磨介质、电机和送料泵组成，如图 4-5 所示。筒体部分备有冷却或加热装置，以防筒内因物料、研磨介质和圆盘等相互摩擦所产生的大量的热影响产品质量，或因送入的浆料冷凝以致流动性降低而影响研磨效能。研磨介质一般有氧化锆珠、玻璃珠、硅酸锆珠等。一般除立式砂磨机选用普通 $2\sim3mm$ 或 $3\sim4mm$ 的玻璃珠外，其他砂磨机均采用 $0.8\sim2.4mm$ 的氧化锆珠。进料的快慢由送料泵控制。

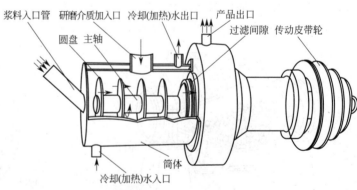

图 4-5　砂磨机的结构

（2）砂磨机的工作原理　砂磨机是利用料泵将经过搅拌机预分散润湿处理后的固-液相混合物料输入筒体内，物料和筒体内的研磨介质一起被高速旋转的分散器搅动，从而使物料中的固体微粒和研磨介质相互间产生更加强烈的碰撞、摩擦、剪切作用，达到加快磨细微粒和分散聚集体的目的。

砂磨机筒体内的旋转主轴上装有多层圆盘。当主轴转动时，研磨介质在旋转圆盘的带动下研磨压入筒内的浆料，使其中的固体物料细化，合格的浆料穿过小于研磨介质粒度的过滤间隙或筛孔流出。筒体部分设有加热或冷却装置，以防筒内因物料、研磨介质和圆盘等相互摩擦所产生的大量的热影响产品质量，或因送入的浆料冷凝以致流动性降低而影响研磨效能。研磨分散后的物料经过动态分离器分离研磨介质，从出料管流出。砂磨机在细化物料的同时，还有分散和混合作用，适于磨制染料、颜料、药物和其他悬浮液或胶悬剂等。

4.1.6　胶体磨的结构组成如何？工作原理怎样？

（1）胶体磨的结构组成　胶体磨是处理精细物料的理想设备，胶体磨主要由磨头部件、底座、传动装置、电机等几部分组成。其中磨头部件是机器核心部分，由动磨盘与静磨盘、机械密封件等构成。在电机凸缘端加装挡水盘，以防渗漏。如图4-6所示。

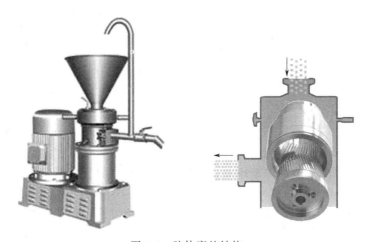

图4-6　胶体磨的结构

（2）胶体磨工作原理　胶体磨是由电动机通过皮带传动带动转齿（或称为转子）与相配的定齿（或称为定子）做相对的高速旋转，其中一个高速旋转，另一个静止，被加工物料通过本身的重量或外部压力（可由泵产生）加压产生向下的螺旋冲击力，透过定、转齿之间的间隙（间隙可调）时受到强大的剪切力、摩擦力、高频振动、高速旋涡等物理作用，使物料被有效地乳化、分散、均质和粉碎，达到物料超细粉碎及乳化的效果，主要用于颜料、染料、涂料、润滑油、润滑脂、塑料等的精细研磨。

4.2　研磨设备操作疑难处理实例解答

4.2.1　浆料配制及研磨的工艺应如何控制？

生产中粉状颜料、稳定剂等助剂如直接加入到树脂中混合会因密度大或粒径大小不均匀等而造成分散不均，导致产品质量不良。因此，为了使这些助剂能分散均匀，一般成型前先配制成浆料然后经研磨处理后，再与树脂及其他组分进行混合。

（1）浆料的配制　配制稳定剂浆料时，一般可以预先将配方中的一部分液体助剂，如增塑剂、液体稳定剂等，加入到搅拌容器内进行搅拌，同时慢慢加入稳定剂和其余增塑剂等。此时要注意不断调节增塑剂和稳定剂的比例以利于搅拌。如果稳定剂吸收增塑剂较多可以多加一些增塑剂，但不能加得太快、太多，因为这会使密度大的固体物质沉积到容器下面，密度小的则浮在液体上面，难以搅拌均匀。待全部物料加入并搅拌均匀后，用三辊研磨机进行研磨。

颜料配成浆料的方法与稳定剂浆料的配制基本相同,可以先把一定量的增塑剂等液体助剂加入到容器内,然后再加入一定量颜料,加颜料时先加密度小的,再加密度大的,待各种颜料加入后,再加入其余的增塑剂等液体助剂。然后用长柄的铁铲轻轻地搅拌一下,把浮在增塑剂上面的颜料搅拌下去,以免搅拌时颜料飞扬造成颜料损失而使制品着色不准。色浆中的增塑剂等液体助剂的比例不能过大,以保证研磨的细度。配制浆料时,一般颜料与增塑剂的用量为比例为 1 :(3～4)。

(2)浆料的研磨 三辊研磨时主要是要把研磨辊筒的间隙调节得当。通常要求前一辊隙应比后一辊隙稍微宽一些,使物料颗逐渐研细。但辊隙也不能太宽,否则研磨的浆料都要落到底盘里。通过观察两边研磨出来的浆料,逐步把两边辊隙调整得更均匀,这样才能达到研磨的效果。研磨时还应控制好辊筒的转速,辊筒的速比一般为 1 : 3 : 9 比较合适。

要使色料分散均匀,应进行多次研磨,一般每研磨一次应把浆料翻动一下。操作得当,研磨 3 次,各种颜料基本上可以达到 4～5 级(30～40μm),分散也十分均匀。但对于颗粒又粗又硬的颜料如高色素炭黑,需多加研磨。研磨的浆料的细度可用细度板进行检查,直到达到要求才能停止研磨。

4.2.2 三辊研磨机操作步骤怎样?

正常操作过程中,三辊研磨机操作步骤为:

① 首先按规定穿戴好劳动保护用品,再检查辊面是否清洁,辊间是否有异物。检查下料刮刀是否锋利,检查各润滑部分是否足够润滑。

② 清理干净接浆罐,并放置在接料位置上。再将辊筒依次松开,然后将料刀松开,挡尖轻微松开。同时必须打开阀门,调节冷却水量。

③ 一切处理正常后,再启动三辊研磨机,开始运转辊筒,再根据物料要求,调节三辊研磨机的中辊和后辊之间间隙,一般间隙调节为 0.3mm 左右。

④ 调节挡料板,适当地压紧辊筒。

⑤ 加入适当的物料。在加料的过程中,观察物料着色的深度,然后再进一步调节后辊,待所有浆料均匀分布后,锁紧固定螺母。

⑥ 调节慢辊和快辊向中间靠拢,观察辊面平行,调节好滚筒松紧。调节压紧下料刮刀,压力大小以刮刀刀刃全部与辊面贴实不弯曲为限。

⑦ 调节挡尖松紧,以不漏为限。同时还应检查出料均匀程度及浆料的细度。如果不合格,应继续进行前后辊的调整。

⑧ 操作过程中应观察电流表指针,不得超过三辊研磨机的额定电流。

⑨ 研磨完成后停机时,应待浆料流完后,再用少量同品种脂类或溶剂快速将辊筒洗干净。然后松开辊筒,松开挡尖、下料刮刀等,再按下电钮开关停车。

⑩ 关闭冷却水阀门。清洗挡尖、刮刀、接料盘,将机械全部擦拭干净,清理设备现场周围。长期停车,将辊筒涂上一层 40# 机油,以防辊筒生锈。

4.2.3 三辊研磨机操作过程中应注意哪些问题?

① 操作前首先检查电源线管、开关按钮是否正常,降温循环水是否有,如一切正常方可开机。

② 不开冷却水严禁开车。注意辊筒两端轴承温度,一般不超过 100℃。

③ 两辊中间严禁进入异物(如金属块等),如不慎进入异物,则紧急停车取出,否则会

挤坏辊面或其他机件损坏。

④ 应随时注意调节前后辊，由于辊筒的线膨胀，一不小心，工作时容易胀死，甚至刹住电机产生意外。

⑤ 挡料铜挡板（挡尖）不能压得太紧，随时加入润滑油（能溶入浆料的），否则会很快磨损。

⑥ 当辊筒中部浆料薄，两端厚时，可能辊筒中凸，需调大冷却水量。当辊筒两端浆料薄，中间浆料厚时，需调小冷却水量。

⑦ 操作中应注意是否有异常，若有应即刻停机。

4.2.4　三辊研磨机辊筒间隙如何来测量？三辊机辊筒间隙应如何设置？

（1）辊筒间隙的测量　三辊机辊筒间隙大小一般用塞尺来测量，塞尺又称厚薄规或间隙片，它由许多层厚薄不一的薄钢片组成，如图4-7所示，按照塞尺的组别制成一把一把的塞尺，每把塞尺中的每片具有两个平行的测量平面，且都有厚度标记，以供组合使用。测量辊筒之间的间隙时，先将要测量工件的表面清理干净，不能有油污或其他杂质，必要时用油石清理。根据目测的间隙大小选择适当规格的塞尺逐个塞入。如用0.03mm能塞入，而用0.04mm不能塞入，这说明所测量的间隙值在0.03mm与0.04mm之间。当间隙较大或希望测量出更小的尺寸范围时，单片塞尺已无法满足测量要求，可以使用数片叠加在一起插入间隙中（在塞尺的最大规格满足使用间隙要求时，尽量避免多片叠加，以

图4-7　塞尺

免造成累计误差）。如用0.03mm能塞入，而用0.04mm不能塞入，若在0.03mm上叠加0.005mm也能塞入，得到所测间隙值在0.035mm与0.04mm之间。测量辊筒间隙时应注意选用塞尺片数越少越好；测量时不能用力太大，以免塞尺弯曲和折断；不能测量温度较高的工件；测量时不能强行把塞尺塞入辊筒间隙，以免塞尺弯曲或折断。

（2）三辊机辊筒间隙的设置　三辊研磨机依靠辊筒之间的巨大剪切力，相互挤压和摩擦以达到所需的细度和研磨效果，辊间隙的大小不等于最终可以达到的细度要求。在实际操作中，辊筒之间必须留有间隙，以保证所加工材料可以从辊筒顺利经过。通常建议辊间隙大小设置在25μm左右。一般理论上，辊筒之间的间隙可以达到0μm，但如果辊筒间隙为太小，三辊研磨机工作过程中辊筒会受热膨胀而导致辊筒互相接触，这样很有可能损伤辊筒。特别是辊筒没有及时得到冷却时，损伤会更严重。

4.2.5　三辊研磨机为何会出现研磨效果不佳？应如何处理？

（1）研磨效果不佳的主要原因　三辊研磨机研磨时出现研磨效果不佳的原因主要有：

① 添加剂与着色剂混合不充分，或者混合不恰当。

② 混合的物料配比不合适，使物料的黏度太低，浆料太稀薄。

③ 加料太多，或辊筒挡板位置设置不合理，使辊筒两侧出现漏料。

④ 辊筒与辊筒之间的距离调节不合理，辊筒间隙太大。

（2）研磨效果不佳的处理办法

① 研磨前将添加剂与着色剂充分混合均匀。

② 调整混合物料的配比，使物料有合适的黏度。

③ 减少辊筒间的存料量，调整合适的挡板位置，防止辊筒两侧出现漏料。

④ 调节辊筒间隙，并测量物料细度，直到细度合格。

4.2.6 三辊研磨机工作过程中电机为何易出现过载？应如何处理？

（1）过载原因 三辊研磨机工作过程中电机易出现过载的原因主要是：

① 电源电压太低。

② 物料中混入较大坚硬颗粒或杂质，或物料混合搅拌不均匀。

③ 润滑系统的润滑油太少，使轴承系统润滑不够充分，而出现过热。

④ 检查挡板是否压太紧。

（2）处理办法

① 检查电源电压是不是太低，变换合适稳定电压的电源。

② 确保混合材料搅拌均匀，防止较大坚硬颗粒或杂质混入物料。

③ 检查润滑系统，添加足够的润滑油，确保轴承系统处于良好的润滑状态，不会出现过热现象。

④ 调节挡板对辊筒的压紧程度，使其处于合适状态。

4.2.7 三辊研磨机在操作过程中齿轮为何会出现异常噪声？应如何处理？

三辊研磨机在操作过程中齿轮出现异常噪声的原因很可能是齿轮发生错位。三辊机辊筒之间的间隙是可以调节的，相应支持辊筒间隙调节的齿轮也是可以移动的。如果辊筒在不平行的状态下运行，齿轮会产生错位，便会伴随异常噪声出现。

如果有噪声出现，则应及时调整辊筒之间的间隙，使辊筒间隙调节的齿轮保持良好的啮合状态，以防止对齿轮和辊筒造成损伤。

4.2.8 采用球磨机研磨塑料原料时操作流程如何？球磨机操作过程中应注意哪些问题？

（1）球磨机操作流程 采用球磨机研磨塑料原料时操作流程如图 4-8 所示，主要如下。

① 开机前的准备与检查 检查润滑站油箱、减速箱内、电机主轴承内、球磨机筒体主轴瓦内、大小齿轮箱内是否有足够的油量，油质是否符合要求；检查减速器、主轴瓦冷却水是否通畅；检查各部连接螺栓、键、柱销是否松动、变形；检查传动齿轮润滑是否良好、有无异物；检查筒体衬板及道门螺栓是否松动；检查给料、出料装置是否运行正常；检查电动机的接触情况是否良好；检查仪表、照明、动力、信号等系统是否完整、灵活可靠。

② 加料启动 启动球磨机。启动顺序为开动给料设备→开动主电机→开始对球磨机供料、供水。

③ 运行中的观察 启动球磨机后，应注意观察密封处是否严密，有无漏料、漏油、漏水等现象；球磨机运转是否平稳，有无不正常的振动，有无异常声音。

④ 球磨结束，停机 球磨机停机时，先做好停机的准备工作，首先用预设的信号通知各附属的人员，先做好停机准备工作。停机顺序为：先停喂料设备→停止主电机→停润滑和冷却水。

（2）注意事项

① 启动操作前必须清场，并做好准备启动警示，先点动试车。

② 停车、出现异常、维修操作等需挂警示牌，严禁带电维修作业。

③ 工作期间严禁擅自离开岗位，发现异常应立即按照停车作业顺序停车，并做好记录上报问题。

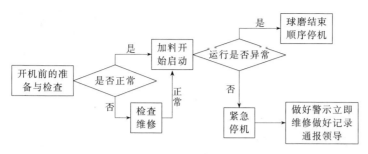

图 4-8　球磨机操作流程

4.2.9　采用砂磨机研磨塑料原料时应如何操作？砂磨机操作过程中应注意哪些问题？

（1）操作方法

① 做好试车前的准备工作。检查各部件安装是否牢固；各机的旋转方向应按箭头所指方向运转（应点动试方向）；检查冷却水是否通畅；每工作 50h 后，再调整三角带一次。

② 从筒体顶部加入研磨介质。

③ 先启动进料泵，输入物料，待顶筛上出料后，再启动主机。

④ 砂磨机研磨过程中应注意观察物料状况，出现异常应及时处理。

⑤ 研磨结束后即可停机。停机时间较长时，应清理干净筛网，清洗分散器，清洗时轻微地、间歇性地转动，以免损坏分散器。

（2）操作应注意的问题

① 较长时间停车后，再启动时，往往由于物料中的固体颗粒和研磨介质沉降而"卡"紧分散器，尤其是黏稠性物料在较低温度时，"刹车"现象尤为严重。此时，点动电机不能启动时，应用手在主轴皮带轮"盘车"辅之，以输入少量对物料有溶解能力的溶剂，使物料溶解、分散器松动后再启动。不能强行启动，以免损坏电器和机体。

② 一旦出现"冒顶"时，应立即停车清洗筛网，放置接浆盆，调整供浆泵速度，重新启动；否则物料有可能侵入主轴轴承而导致轴承磨损，或者损坏进浆泵。

③ 在筒体内没有漆料和研磨介质时严禁启动。

④ 用溶剂清洗筒体时，只能将分散器轻微地、间歇地转动，以免部件磨损。

4.2.10　胶体磨的操作步骤如何？

① 使用前，检查各紧固螺钉是否拧紧；转动转子，检查与定子是否接触，有无卡死现象；检查电源线是否为 380V 三相交流电，机体是否接地保护；并注意转子旋转方向是否正确，一般应为顺时针旋转方向。检查黄油杯油量，及时补充黄油。

② 接通冷却水并注意水嘴的进出水标志，再接上出料循环管和排漏管。

③ 首先点动电机开关，检查是否有杂音、振动。如果情况不正常应立即停机，排除故障后再启动电机。

④ 在运转状态下清洗定子、转子内残余物料，清洗时先将大卡盘向逆时针方向旋转不小于 90°后进行清洗。

⑤ 调节定、转子间隙。调节方法是：在运转状态下，先松动两个手柄，搬动手柄带动大卡盘旋转，进行间隙的调整，定位盘顺时针旋转间隙缩小，物料粒度变细。逆时针旋转间隙加大，物料粒度变粗。定、转子间隙调整后，应同时顺时针拧紧两个手柄。根据加工物料

的粒度和批量要求，选择最佳定、转子间隙后即可调整限位螺钉达到限位目的。

⑥ 再注入 1～2kg 的液料或其他与加工物料相关的液体，并将湿料保持在循环管内的回流状态。然后启动胶体磨，待运转正常后即可正常投料生产。胶体磨研磨过程中应注意电机负荷，发现过载及时减少投料。

⑦ 研磨过程中可根据物料加工要求进行一次或多次研磨。

⑧ 研磨结束时，关机之前，应在进料斗内加入或留存适量加工物料相关液体或其他液体，并将湿料保持循环管内的回流状态。

⑨ 停机时，先关闭闸阀、压力表，然后停止电机。

4.2.11 胶体磨在研磨过程中出现不正常情况时应如何拆卸进行检查？

胶体磨在研磨过程中出现不正常情况时应立即拆卸进行检查，并进行处理。拆卸的方法有：

（1）定子总成的拆卸 先除去料斗去掉进出水嘴，松掉盖形螺钉，取下刻度盘，手握手柄，逆时针旋转取下大卡盘，向上提起磨头盖即可将定子总成取出。

（2）转子总成的拆卸 把定子提出后，拆下出料口，拧下左旋螺钉就可将转子和叶轮拆下。转子和定子的组装可按上面相反的顺序进行，装配前每个零件应清洗干净。安装时，需要在各接触面和螺纹部分涂抹符合要求的润滑油后装配。拆装时应注意各密封圈不得损坏、错装和丢失。

（3）皮带轮的拆卸与更换 按所需转速更换皮带轮时，先松动电机盖端螺母，沿水平方向，向磨头方向推动电机，使三角皮带放松，将机器放倒，然后拧下主轴上螺母和电机轴上的坚固螺钉，卸下原皮带轮。更换所需皮带轮时可用手锤轻轻敲入，不可用力重击，以免损坏皮带轮，破坏机器精度。换好后，用螺母和螺钉紧固，再将机器轻轻立起。机器立起后，沿水平方向推动电动机，使三角皮带拉紧，然后上好盖板。

4.2.12 胶体磨研磨过程中应如何调节磨盘间隙？

胶体磨的磨盘间隙决定物料的研磨细度，研磨过程中一定要调节好磨盘间隙。通常磨盘间隙的调节方法是：首先将出料口方块上限位螺栓松下，在不开机的情况下将调节盘（刻度盘）上两手柄逆时针拧松，然后顺时针转动调节盘，当转动调节盘感到有少许阻力时马上停止，此时调节盘上刻度对准基上指针的读数确定了动、静磨盘间隙为 0。再反转（逆时针）调节盘几圈使动、静磨盘之间隙略大于 0。调节盘的刻度每进退一大格为 0.01mm。一般在满足加工物料细度要求的情况下，尽可能使磨盘间隙保持一定间距，同时将调节盘锁紧，然后将进料口方块上限位螺栓调好，确保机器正常运作。但应注意的是：胶体磨在出厂时，设备出料口方块上已装有调好的限位螺栓，磨盘间隙处于最佳加工细度间距。

4.2.13 胶体磨在使用过程中应注意哪些问题？如何维护保养？

（1）注意的问题

① 注意不能研磨干状固体物料，只能进行湿式加工，物料研磨前应清除杂物，物料粒度小于 1mm，物料硬度不得高于 HV309，以防损坏机器。

② 启动、关闭及开机清洗前、后胶体磨机体内一定要留有水或液态物料，禁止空转与逆转。否则，操作失当会严重损坏硬质机械组件或静磨盘、动磨盘，或发生泄漏、烧毁电机等故障。

③ 胶体磨用毕或短期内不用，应很好地清洗内腔，以防腐蚀，最好用高压空气吹干。清

洗时根据不同的物料选用合适的清洗剂，但应保证不损坏密封件（密封件材料用丁腈橡胶）。

④ 接好电源后，特别要注意开机运转方向，判别电机是否是正常方向旋转，或从进料管径处看方向是否同胶体磨上"红色警示标志"旋转方向箭头相一致（顺转）。绝对禁止空转（腔内缺料液）和反转。

⑤ 胶体磨在动作中，绝不许关闭出料阀门，以免磨腔内压力过高而引起泄漏。

⑥ 胶体磨属高精密机械，磨盘间隙极少，动转速度快。操作人员应严守岗位，按规章作业，发现故障及时停机，排除故障后再生产。

⑦ 胶体磨使用后，应彻底清洗机体内部，勿使物料残留在体内，以免硬质机械黏结而损坏机器。

（2）维护与保养

① 经常检查胶体磨管路及结合处有无松动现象。用手转动胶体磨，试看胶体磨是否灵活。

② 定期向轴承体内加入轴承润滑机油，观察油位应在油标的中心线处，润滑油应及时更换或补充。一般在工作第一个月内，经100h更换润滑油，以后每隔500h，换油一次。

③ 开机时，首先应点动电机，试看电机转向是否正确。开动电机，当胶体磨正常运转后，打开出口压力表和进口真空泵使其显示出适当压力后，逐渐打开闸阀，同时检查电机负荷情况。如发现胶体磨有异常声音应立即停车检查原因。

④ 尽量控制胶体磨的流量和扬程在标牌上注明的范围内，以保证胶体磨在最高效率点运转，这样才能获得最大的节能效果。

⑤ 胶体磨在运行过程中，轴承温度不能超过环境温度30℃，最高温度不得超过80℃。

⑥ 定期检查轴套的磨损情况，磨损较大后应及时更换。

⑦ 胶体磨在寒冬季节使用时，停车后，需将泵体下部放水螺塞拧开将介质放净，防止冻裂。

⑧ 胶体磨长期停用，需将泵全部拆开，擦干水分，将转动部位及结合处涂以油脂装好，妥善保存。

4.3 混合设备疑难处理实例解答

4.3.1 塑料混合设备类型主要有哪些？各有何特点？

（1）混合设备主要类型　塑料混合设备类型较多，常用的主要有捏合机、Branetali混合机、高速混合机、连续混合器等。

（2）各类混合设备特点　捏合机主要用于高黏度物质的混合分散，如粉状颜料、色母料等。物料在可塑状态下，在捏合机的工作间隙中承受强烈的剪切、挤压，使颜料凝聚体破碎、细化、混合分散。捏合机能形成较强烈的纵混和横混，从而表现出强烈的分散能力和研磨能力。

Branetali混合机主要用于各种黏度乳液的混合和分散，混合机中一般都有温控装置，生产过程中温度容易控制。还有一对同轴不同转速，且轴心位于混合室中心的框型板，工作时用框型板与混合室内壁对物料产生的摩擦、剪切、挤压等作用，使物料间相互碰撞、交叉混合，以使其均匀分布。混合机的工作容量范围较宽，可以是总容量的25%～80%，混合室拆装方便，换料换色容易。但框型板对物料在重力方向的作用较弱，故对超高黏度的乳液混合分散效果不佳。

高速混合机是广泛使用的混合设备，主要用于干掺和粉体树脂的混合与分散，如粉状PVC树脂与其他助剂的混合、颜料与分散剂及树脂的混合等。由于桨叶运动速度很高，物料间及物料与所接触的各部件相互碰撞，摩擦频率很高，使得团块物料破碎。加上折流板的进一步搅拌，使物料形成无规的漩涡状流动状态而导致快速的重复折叠和剪切撕捏作用，因此其混合效果好，混合均匀，且生产效率高。

连续混合器是一种转子式混合器，它主要用于聚烯烃色母料、聚苯乙烯类色母料配料的混合分散。混合器中有转子，该转子相当于螺杆送料器。当物料加入到转子的加料段时，能把物料推到转子的混合段。物料在转子和筒壁之间因强烈剪切力作用而混合分散，并在转子间的研磨作用下被捏合。一般连续混合器是多种组分的物料连续地或分批计量混合，并保持连续出料。

4.3.2 高速混合机的结构组成是怎样的？

普通高速混合机主要由混合锅、回转盖、折流板、搅拌桨叶、排料装置、驱动电动机、机座等部分组成，如图 4-9 所示。

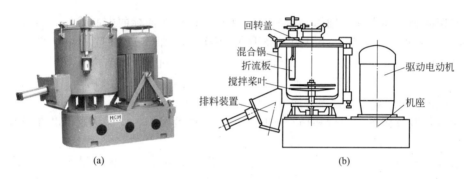

(a)　　　　　　　　　　　　(b)

图 4-9　高速混合机

混合锅是混合机的主要部件，是物料受到强烈搅拌的场所，其结构如图 4-10 所示。外形呈圆筒形，锅壁由内壁层、加热或冷却的夹套层、绝热及外套层等三层构成。内壁通常由锅炉钢板焊接而成，有很高的耐磨性。为避免物料的附着，混合锅内壁表面粗糙度 $Ra \leqslant 1.25 \mu m$。夹套层一般用钢板焊接，用于通入加热或冷却介质以保证物料在锅内混合所需的温度。夹套外部是保温绝热层，与管板制成的最外层组成隔热层，防止热量散失。

混合锅上部是回转盖，回转盖通常由铝质材料制成。其作用是安装折流板，封闭锅体以防止杂质的混入、粉状物料的飞扬和避免有害气体逸出等。为便于投料，回转盖上设有 2～4 个主、辅投料口，在多组分物料混合时，各种物料可分别同时从几个投料口投入而不需要打开回转盖。

折流板的作用是使做圆周运动的物料受到阻挡，产生漩涡状流态化运动，促进物料混合均匀。折流板一般用钢板做成，且表面光滑，断面呈流线型，内部为空腔结构，空腔内装有热电偶，以控制料温。折流板上端悬挂在锅盖上，下端伸入混合锅内靠近锅壁处，且可根据混合锅中投入物料的多少上下移动，通常安装高度应位于物料高度的 2/3 处。

搅拌装置是混合机的重要工作部件，其作用是在电动机的驱动作用下高速转动，对物料进行搅拌、剪切，使物料分散。搅拌装置一般由搅拌桨叶和主轴驱动部分组成，通常设在混合锅底部。

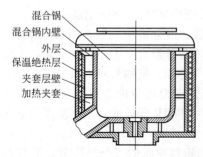

图 4-10　混合锅的结构

在混合锅底部前侧设有排料装置，其结构如图 4-11 所示。排料阀门与气缸内的活塞通过活塞杆相连，当压缩空气驱动活塞在缸内移动时，可带动排料阀门迅速实现排料口的开启和关闭。排料阀门外缘一般都装有橡胶密封圈，排料阀门关闭时，阀门与混合锅成为一体，形成密而不漏的锅体。当物料混合完毕，经驱动排料阀门与混合锅体脱开而实现排料。安装在排料口盖板上的弯头式软管接嘴连接压缩空气管，可在排料后，通入压缩空气，用以清除附着在排料阀门上的混合物料。

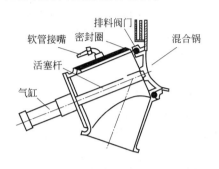

图 4-11　排料装置的结构

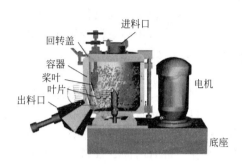

图 4-12　高速混合机的工作原理

4.3.3　高速混合机的工作原理如何？

高速混合机工作时，其混合锅中的搅拌桨叶在驱动电动机的作用下高速旋转，搅拌桨叶的表面和侧面分别对物料产生摩擦和推力，迫使物料沿桨叶切向运动。同时，物料由于离心力的作用而被抛向锅壁，物料受锅壁阻挡，只能从混合锅底部沿锅壁上升，当升到一定的高度后，由于重力的作用又回到中心部位，接着又被搅拌桨叶抛起上升，如图 4-12 所示。这种上升运动和切向运动的结合，使物料实际上处于连续的螺旋状上、下运动状态。由于桨叶运动速度很高，物料间及物料与所接触的各部件相互碰撞、摩擦频率很高，使得团块物料破碎。折流板的进一步搅拌，使物料形成无规的漩涡状流动状态而导致快速的重复折叠和剪切撕捏作用，达到均匀混合的目的。

4.3.4　高速混合机有哪些类型？塑料成型过程中应如何选用？

（1）高速混合机的类型　高速混合机有多种类型，通常可按加热的方式、搅拌桨叶的结构形式及混合锅容量规格大小等不同方式对其进行分类。按加热方式分一般可分为蒸汽加热式、电加热式及油加热式三种。按搅拌桨叶的结构形式分为普通式和高位式两种类型。按混合锅容量规格大小分为微型、小型、中型和大型等多种类型：如 10L、50L 属于微型；100L、150L 属于小型；300L、500L 属于中型，800L 则属于大型。

（2）高速混合机的选用　塑料成型过程中，高速混合机加热形式的选用应根据生产的条件来进行确定；搅拌桨叶的结构形式和组合安装的形式应根据物料的特性来选用；高速混合机容量规格大小应根据后续设备生产能力大小来选择。

① 蒸汽加热的高速混合机，加热时升、降温速度快，易进行温度控制，但当蒸汽压力不稳定时，锅壁温度也不稳定，易使物料在锅壁处结焦，对混合质量有一定影响。此外，还需增设蒸汽发生的设备。

② 电加热的高速混合机操作方便，卫生性好，不需增添其他设备，但升、降温速度慢，热容量较大，温度控制较困难，使锅壁温度不够均匀，物料易产生局部结焦。

③ 油加热的高速混合机在加热时，锅壁温度均匀，物料不易产生局部结焦，但升、降

温速度慢，热容量大，温度控制较困难，并且易造成油污染。

搅拌桨叶结构、安装对物料的搅拌混合效果有较大影响，在选用时应根据物料的特性来选择搅拌桨叶的结构形式和组合安装的形式，尽量减少搅拌死角，提高搅拌的效果。普通式的搅拌桨装在混合锅底部，传动轴为短轴，因此混合锅内物料较多时效果不佳；高位式的搅拌桨叶装在混合锅的中部，传动轴相应长些，高速混合时，物料在桨叶上下都形成了连续交叉流动，因而混合速度快，效果好，且物料装填量较多。

生产中还应根据后续设备大小、生产速度及产量的大小等选择合适规格大小的高速混合机，一般生产中常用高速混合机的规格主要有 200L、300L、500L、800L 等。

4.3.5 高速混合机应如何控制？

高速混合时，物料混合质量通常与设备结构因素，如搅拌桨的形状、搅拌桨的安装位置等有关，也与混合过程中的控制、操作因素如桨叶转速、物料的温度、混合时间、投料量、物料的加入次数及加入方式等有关。因此，在物料的混合时，应控制的主要工艺因素是混合温度、转速、混合时间、投料量、加料顺序等。

在高速混合的过程中，由于物料之间以及物料与搅拌桨、锅壁、折流板间较强的剪切摩擦产生的摩擦热，以及来自外部加热夹套的热量使物料的温度迅速升高，促使一些助剂（润滑剂等）熔融及互相渗透、吸收，同时还对物料产生一定的预塑化作用，有利于后序加工。一般混合温度升高有利于物料的互相渗透和吸收，但温度太高会使树脂熔融塑化，不利于组分的分散。

如 PVC 加工中物料混合时，一般应控制加热蒸汽压力为 0.3～0.6MPa，出料温度在 90～100℃。在实际生产中，在较高的搅拌桨转速下，当物料的摩擦热可以达到较好的混合效果时，如硬质的 PVC 物料，混合过程中可不要外加热。

高速混合时，搅拌桨叶的转速越快，越有利于物料的分散，物料混合越均匀，如某企业压延成型 PVC 片材时，物料高速混合时转速控制在 500r/min。

混合时间长有利于物料的分散均匀性，提高混合效果。但混合时间过长，会使物料出现过热，不利于后道工序的温度控制，同时也会增加能量的消耗。一般 PVC 物料的混合时间控制在 5～8min 为佳。

高速混合时一般投料量不能太大，过多的物料不利于混合时物料的对流，使物料不能很好分散，因而影响混合效果。一般投料量应在高速混合机容量的 2/3 以下。但也不能太少，物料面应在搅拌桨叶之上。

在高速混合时还应注意物料的加入顺序，一般应不阻碍物料的互相渗透、吸收。在加软质颜料到高速混合机中之前，先将混合温度升到 80℃，或将其加入冷却后的混合机中，就能得到优良的分散性。硬质颜料，如氧化物颜料，在混合容器中会使金属磨损。含有重金属的颜料，不仅会发生颜色的改变（尤其是白色色调变灰），而且会降低老化性能，因为重金属，尤其是铁，通常生成金属氯化物导致 PVC 发生催化降解，因此在混合过程中应在后阶段添加颜料，以避免 PVC 发生催化降解。

4.3.6 高速混合机应如何进行安装与调试？

（1）高速混合机的安装

① 在安装高速混合机前，应仔细阅读使用说明书。根据厂方提供的地基图，做好地基，并留出安装地脚螺钉的方孔。高速混合机一般安装于水泥基础或钢架基础之上。

② 采用水泥基础时，应待地基接近干燥时，将机器吊在地基的上空，将地脚螺钉穿入

螺钉孔。

③ 高速混合机安在地基上后，以混合锅投料口为基准，用水平仪校平。在预留的方孔内灌注水泥，完成地基表面的最后平整工作。

④ 待水泥干燥后，将机座与地坪上的地脚螺栓紧固。

⑤ 安装时下桨叶与混合室内壁不允许有刮碰，排料阀门启闭应灵活可靠。

（2）高速混合机的调试

① 混合机安装牢固后，应首先检查所有电源、气源、蒸汽等与样本的要求是否一致，各部分的安装是否符合要求，各润滑点是否加满指定的润滑脂。

② 点动电动机，检查搅拌桨旋向是否正确。整机运转时应平稳，无异常声响，各紧固部位应无松动。

③ 空载试验。检查一切正常后，先进行低速空载试验，再进行高速空载试验，并分别检查回转盖的保险开关与气动部件的运行是否正常。混合机的空运转时间不得少于2h，其手动工作制和自动工作制应分别试验，并按JB/T 7669的规定进行检验。

④ 负荷试验。空运转试验合格后，应进行不少于2h的负荷试验，并按JB/T 7669的规定进行检验。负荷试验的投料量由工作容量的40%起，逐渐增加至工作容量。负荷试验时应先进行低速负荷试验，再进行高速负荷试验，并分别检查回转盖的保险开关与气动部件的运行是否正常。整机负荷运转时，主轴轴承最高温度不得超过80%，温升不得超过40%，噪声不应超过85dB（A）。加热、冷却测温装置应灵敏可靠，测温装置显示温度值与物料温度实测值误差不大于±3℃。

4.3.7　高速混合机应如何安全操作？操作过程中应注意哪些问题？

（1）操作方法

① 开机前需认真检查混合机各部位是否正常。首先应检查各润滑部位的润滑状况，及时对各润滑点补充润滑油。检查混合锅内是否有异物，搅拌桨叶是否被异物卡住。如需更换产品的品种或颜色时，必须将混合锅及排料装置内的物料清洗干净。检查三角皮带的松紧程度及磨损情况，应使其处于最佳工作状态。还应检查排料阀门的开启与关闭动作是否灵活，密封是否严密。检查各开关、按钮是否灵敏，采用蒸汽和油加热的应检查是否有泄漏。

② 检查设备一切正常后，方可开机。开机时首先调整折流板至合适的高度位置，然后打开加热装置，使混合锅升温至所需的工艺温度。

③ 当温度达到设定温度后，即可按工艺要求的投料顺序向混合锅投料。先低速启动搅拌桨叶，再缓慢加料。

④ 启动搅拌桨叶时应先低速启动，无异常声响后，再缓慢升至所需的转速，如出现异常声响应及时停机检查。

⑤ 物料混合好后，打开气动排料阀门排出物料，停机时应使用压缩空气对混合锅内壁、排料阀门进行清扫，再关闭各开关及阀门。

（2）操作应注意的问题

① 投料时严格按工艺要求的投料顺序及配料比例分别加入混合锅中，投料时应避免物料集中在混合锅的同一侧，以免搅拌桨叶受力不平衡。物料尽量在较短的时间内加入到混合锅内，锁紧回转锅盖及各加料口。

② 启动搅拌桨叶时应先低速启动，后高速运转，高速混合机启动前不得投料，以减小启动阻力。

③ 在高速混合机工作过程中严禁打开回转锅盖，以免物料飞扬。

④ 在物料混合过程中要严格控制物料的温度，以避免物料出现过热的现象。

4.3.8 高速混合机应如何维护与保养？

高速混合机在使用时应注意其维护与保养，以保证物料的混合质量与设备的使用寿命。一般应制订相应的维护与保养规程。高速混合机的维护与保养除了遵循一般设备的维护保养规则以外，还应注意以下几方面：

① 高速混合机初次运行 10h 后，应该进行全面检查，必要时各零部件的连接部分应该再拧紧一次。应该检查三角带的拉紧程度。当调节丝杠将三角带均匀拉紧后，需将电机机座的锁紧螺栓拧紧，防止松动。

② 高速混合机运行 300h 后，应该全面地对机身各润滑点普遍注油润滑。

③ 高速混合机各部分应该保持清洁，尤其是混合室的内壁、卸料阀等部分。清扫时，可以采用压缩空气进行清扫。停机时，应该用干净的布将混合室内壁、搅拌桨、卸料阀等部件的表面擦拭干净。

④ 高速混合机若长期停放不用，应该对混合室、卸料阀、卸料管筒等部件的光滑表面涂抹防锈油脂，防止潮浸、酸蚀。

⑤ 注意设备缓慢启动，正常后再加料混合，加料应按要求顺序缓慢加入。

⑥ 易损件严重损坏时，应该及时修理、更换。备齐密封圈、联轴器用橡胶圈、V 带和滚动轴承，这些工件的工作部位容易出故障，必要时应及时更换。

⑦ 定期（一般一季度）检查各紧固件是否有松动现象；检查 V 带安装的松紧程度；设备各部要清扫除污、除尘。主轴应该按照要求每月加油一次，一般采用二号钠基润滑脂润滑。整机每半年检修一次，更换各处的密封件，检查电气线路和元件的使用情况。温度显示控制仪表应该定期校对。

4.4 塑料其他混合设备疑难处理实例解答

4.4.1 冷混合机的作用是什么？其结构如何？

（1）冷混合机的作用　冷混合机的作用是：可将热混合机混合好的热混物料加入混合锅内，工作时混合锅夹套通水冷却，在搅拌桨作用下使物料在较短的时间里均匀冷却，有效地防止物料因过热而出现降解，同时排除热混物料中的残余气体，并使混合物料的组分进一步地均匀化。

图 4-13　立式结构的冷混合机

（2）冷混合机的结构　冷混合机的结构与普通的高速热混合机的结构基本相同，且通常与热混合设备配套使用，如图 4-13 所示。工作时，混合锅夹套通水冷却，将热混合机混合好的热混物料加入混合锅内，在搅拌桨作用下使物料进一步混合并逐渐冷却。通常冷混合时，冷混合装置中一般通入冷却水进行冷却，冷却水的温度为 0～20℃，物料冷却后的温度一般在 40～60℃，搅拌桨工作转速一般为 200r/min 左右。冷混合机的形式分有立式和卧式两种，图 4-13 所示为立式结构的冷混合机。

4.4.2 PVC物料混合时为何需冷混合?

PVC物料混合时通常需热混合后，再进行冷混合，这主要是由于物料高速混合时为了能使组分充分吸收、渗透，通常需适当给物料加热，再加上物料在高速混合时的剪切、搅拌作用下会产生大量的摩擦热，这样会使混合物料的温度较高。当混合好的高温物料不能及时进行下一步塑化而积存下来时，如果这些高温物料内部不能及时散热、降温，就会引起PVC的过热分解，甚至出现烧焦现象。如果物料在热混合后，再立即进行冷混合，就能使热混合的高温物料在较短时间里均匀冷却，从而有效地避免PVC的过热分解现象，同时还可排除热混物料中的残余气体，并使混合物料的组分进一步地均匀化。

4.4.3 捏合机结构组成怎样? 工作原理如何?

(1) 捏合机的结构组成　捏合机是一种低速混合机，根据其内部搅拌器的形状可分为S形和Z形，如图4-14所示。主要是由捏合部分、机座部分、液压系统、传动系统和电控系统等五大部分组成。

(a)S形　　　　　　　　　　　　　(b)Z形

图4-14　捏合机的结构

捏合部分主要由混合室、搅拌器等组成。混合室是一钢槽，槽底为两个半圆形，内衬不锈钢，槽体装有加热/冷却的夹套。一对搅拌桨装在槽壁两边近底部。两个桨叶的旋转速度是有差别的，根据不同的工艺可以设定不同的转速。可以根据需求设计成加热和不加热形式，换热方式通常有电加热、蒸汽加热、循环热油加热、循环水冷却等。

液压系统由一台液压站来操纵油缸，完成翻缸、启盖等功能。

传动系统是由电机同步转速，经弹性联轴器至减速机后，由输出装置传动快桨，使其达到规定的转速，也可由变频器进行调速。出料方式有液压翻缸倾倒、球阀出料、螺杆挤出等。

(2) 捏合机的工作原理　捏合机工作时是由混合室内的一对Z形（或S形）转子的相向转动，对物料产生搭合、对流和压缩的作用，使物料分散混合均匀。混合物的出料可用底部的阀门或将混合室倾斜倒出。另外，捏合机上也可装上脱气装置以除去挥发物或空气。转速一般比较低，其主轴转速为20~40r/min，副轴转速为10~20r/min。捏合机兼用于干、湿两种物料的混合。可用于聚氯乙烯的混料、热固性模塑料的配制，也可用于化学过程如纤维素的乙酰化或硝化。

4.4.4 捏合机应如何操作？

① 开机前，操作人必须穿好工作服，戴好安全帽、口罩和护目镜等劳保用品。再检查捏合机内无杂物，皮带轮护罩已经上好紧固，减速机内齿轮油位在油位计 $1/2\sim2/3$ 处。用手盘动捏合机，保证转动部件无异响和摩擦等现象。

② 检查一切正常后，合上电源总闸开关，打开捏合机电源，根据工艺要求设定捏合温度，打开加热开关，开始给捏合机混合室升温。

③ 温度达到设定后，恒温一段时间，使混合室温度均匀。

④ 启动电机，低速转动桨叶，观察空机运转时电流是否在范围内，观察机械传动部件运转情况是否良好，若有振动或异响等情况，应立即停机检查，排除故障。

⑤ 关死冷却水泵进出水阀门，用手能够灵活盘动冷却水泵后，点动冷却水泵观察其转向是否正确。保证冷却水泵转向正确及空转状态良好后，全开冷却水泵进水阀门。开循环冷却水时应遵循先开出水再开进水的原则，以保证设备夹套不会被挤爆。

⑥ 将捏合机进、出水阀门全开，启动冷却水泵。根据冷却水泵出水管路压力表压力显示，渐渐打开冷却水泵出水阀门，保证冷却水压力不超过 0.3MPa。在打开冷却水泵出水阀门过程中，若压力表反映不正常，应立即停泵，更换新的压力表后再继续操作。

⑦ 加料。加料时应根据工艺要求，遵循"均匀下料，少量快加"的原则，保持连续均匀加料。

⑧ 合上混合室盖，并锁紧。再调节搅拌桨叶转速至适当，使物料捏合均匀。捏合过程中应注意观察电流表、压力表等的读数，如有异常，应及时停机检查并排除。

⑨ 捏合完成后，即可关闭加热开关，再降低搅拌桨叶转速，打开排料开关，进行排料操作，排出物料。

⑩ 排料完成后即可停机，然后再清理干净混合室，清理时，要戴好安全帽、护目镜、口罩和手套等劳保用品，同时穿好鞋套，避免杂物污染系统内的物料。

⑪ 关闭冷却水阀，合上捏合室外盖，关上电源总开关，清扫场地。

4.4.5 捏合机操作过程中应注意哪些问题？

① 投料前检查缸内无异物、杂质，保证清洁后才能投料生产。在清理设备时，设备电源为关闭状态，严禁在电源未关情况下清理，防止发生意外。

② 在加料或出料时，先停机，同时盖固定好再加料或出料，搅拌桨在转动情况下严禁手和其他一切杂物进入内部，防止人受伤或损坏设备。

③ 在设备运转过程中严禁将手或其他工具伸入旋转的设备内。若要清理捏合机上附着的物料，要先将捏合机关停，断开断路器后挂上警示牌，同时安排人员在配电室内看守或将配电室门锁死。

④ 严禁超负荷使用，以免电烧坏电机；发现故障，立即停机检查，不得让机械设备带病工作，以免引发更大的事故。

⑤ 捏合机清理物料时，要戴好安全帽、护目镜、口罩和手套等劳保用品，同时穿好鞋套，避免杂物污染系统内的物料。生产过程中发现设备有不正常现象，操作人员应立即关掉电源，报修。

⑥ 检修捏合机时，需断开捏合机断路器，挂上警示牌并安排专人看护或将配电室门锁死。检修完后由检修负责人摘下警示牌，清除捏合机内部和现场杂物。

⑦ 冷却水及蒸汽在使用时，一定要独立使用，即开蒸汽，接通冷却水的阀门必须是关

闭的；开冷却水时，接通蒸汽的阀门必须是关闭的，防止冷却水与蒸汽互混，发生爆炸或影响冷却系统，甚至烧坏冷却机。

⑧ 生产过程中发现设备有不正常现象，操作人员应立即关掉电源，及时报告设备管理员，并认真、及时、准确填写操作记录。

4.4.6　叶片式混合机有哪些类型？结构原理如何？

（1）类型　叶片式混合机从外形上分有卧式和立式两种类型，按桨叶轴数量来分有单轴和双轴两种类型，如图 4-15 和图 4-16 所示。

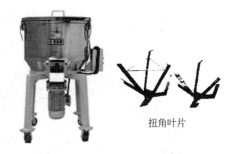

扭角叶片

图 4-15　卧式双轴叶片式混合机　　　　图 4-16　立式单轴叶片式混合机

（2）结构原理　双轴叶片式混合机的机体底部成 W 形，物料从顶部加入，混合后由底部出料。混合机体内有两根同时异向向外旋转的平行桨叶轴，每根轴上搭载十字桨叶，在驱动装置的同步作用下，两根十字桨叶轴的运行轨迹成相交关系，且错位啮合。电机通过减速机链条带动双轴使桨叶轴快速旋转，旋转的桨叶产生离心力，一方面桨叶带动物料沿机槽内壁做周向旋转；另一方面，物料受桨叶翻动、抛洒，在转子的交叉重叠处形成失重区域，如图 4-17 所示。在此区域内，无论物料的形状、大小和密度如何，都能上浮处于瞬间失重状态，物料下落后再受桨叶的驱赶，在机体内往复循环，从而使物料在机槽内形成全方位连续对流、扩散和相互交错剪切，达到快速、柔和地混合均匀的效果。

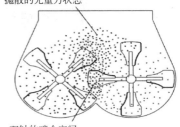

抛散的无重力状态

双轴的啮合空间

图 4-17　卧式双轴叶片式混合机工作原理

立式单轴叶片式混合机在混合室底部装有特殊扭角叶片，混合时，扭角叶片在传动装置的带动下旋转，使物料在混合室内形成不规则流动而大大提高混合效果。这种形式的混合机密封性好，混合均匀，由于混合室不动且重心低，因此运转平稳、噪声低，其转速可高达 85r/min。

4.4.7　转鼓式混合机有哪些类型？结构原理如何？

（1）转鼓式混合机类型　转鼓式混合机是靠混合室的转动来完成混合作用的，根据转鼓外形来分有 V 形混合机、圆筒形、锥形和双锥形等几种类型。为了提高混合效果，混合室的内壁上一般加设了曲线形挡板，以使混合室转动时引导物料自混合室的一端走向另一端，增加物料相互接触的机会。如图 4-18 所示，转鼓式混合机的混合室一般用不锈钢板制成，要求不高的场合也可用普通钢板制成。转鼓式混合机的转速一般较低，约为 20r/min。

（2）转鼓式混合机工作原理　转鼓式混合机一般由机体容器部分及传动部分构成。为了使粉粒体能良好地流动及出料方便，容器的内表面做得十分光滑。轴和容器一般用凸缘连接。为使物料充分混合，有的在机体容器内部装有强制搅拌桨，其转速一般在 800~950r/min，其转动方向与筒体回转方向相反，这样可以增加混合速度，且适合于容易凝聚的粉粒体与添加液体的混合。如 V 形混合机由两个圆筒呈 V 字形焊接起来的容器组成，容器的形状相对于轴是非对称的。由于回转运动，粉粒体在倾斜圆筒中连续地反复交替、分割、合并。物料随机地从一区传递到另一区，同时粉粒体粒子间产生滑移，进行空间多次叠加，粒子不断分布在新产生的表面上，这样反复进行剪切、扩散运动，从而达到混合。

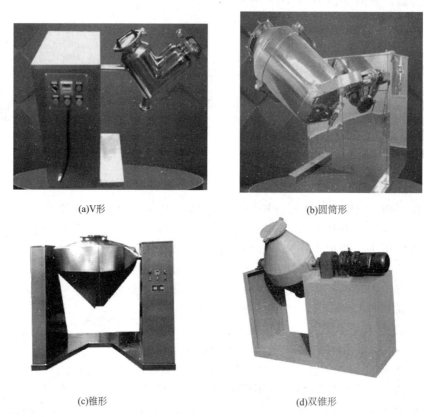

(a)V形   (b)圆筒形

(c)锥形   (d)双锥形

图 4-18　转鼓式混合机类型

4.4.8　螺带混合机结构怎样？工作原理如何？

（1）结构　螺带混合机结构有卧式和立式之分，卧式螺带混合机又可分为单轴和双轴两种，如图 4-19 所示。单轴式的混合机按混合室的形式分为 U 形和 O 形；单轴卧式螺带混合机的机体以 U 形为主，O 形主要为小型机，机体外壳由普钢或不锈钢制造。机体上盖板一般设有两个进料口，大型混合机有三个进料口。机体两端采用内外层墙板的空心夹层结构。混合机的主要工作部件由螺带、支撑杆及主轴组成。其中螺带的结构形式设计决定着混合机的混合质量和效率。螺带的结构形式有单头单层螺旋、单头双层螺旋和双头双层螺旋等多种形式。其中以双头双层双旋向的居多，内外螺旋叶片分别为左右螺旋，为了使内外叶片输送物料能力相等，以保持料面水平，所以内螺带宽于外螺带，一般为外螺带的 3~5 倍。

（2）工作原理　对于卧式 U 形，其机体的长体筒体结构，保证了被混合物料（粉体、半流体）在筒体内的小阻力运动正反旋转螺条安装于同一水平轴上，形成一个低动力高效的混合环境，双层或三层螺带状叶片的外层螺旋将物料从两侧向中央汇集，内层螺旋将物料从中央向两侧输送，可使物料在流动中形成更多的涡流，从而能加快混合速度，提高混合均匀度。螺带式混合机工作时，在搅拌轴的螺旋带运动下，内外螺旋带在较大范围内翻动物料，内螺旋带将物料向两侧运动，外螺旋带将物料由两侧向内运动，使物料来回掺混。其他部分物料在螺旋带推动下，沿轴向径向运动，从而形成对流循环。由于上述运动的搅拌，物料在较短时间内获得快速均匀混合。卧式螺带混合机是一款高效率、高均匀度、高装载系数、低能耗、低污染、低破碎的新型搅拌混合设备。

(a)卧式单轴螺带混合机　　　　　　　　(b)卧式双轴螺带混合机

图 4-19　卧式螺带混合机

第 **5** 章

塑料混炼设备操作
与疑难处理实例解答

5.1 二辊开炼机操作与疑难处理实例解答

5.1.1 塑料混炼设备主要类型有哪些？

塑料混炼设备主要类型有开炼机、密炼机和挤出机等。

开炼机结构简单，加工适用性强，经开炼机混合、塑炼的物料具有较好的分散度和可塑性，可用于造粒或直接供给压延机制得压延产品。物料在开炼机中进行塑炼时，是在辊筒的外部加热及辊筒对物料剪切和摩擦所产生的热量下渐渐软化或熔融的。

密炼机是密闭式操作的混炼塑化设备，相对于开炼机来说，密炼机具有物料混炼时密封性好，混炼条件优越、自动化条件高、工作安全与混炼效果好、生产效率高等优点。

挤出机具有良好的加料性能、混炼塑化性能、排气性能、挤出稳定性等特点，但混炼速率相对较小，混炼的效率相对密炼机、开炼机要小。

5.1.2 开炼机的结构组成如何？开炼机应如何选用？

（1）开炼机的结构组成　开炼机通常主要由机座，机架，前、后辊筒，调距装置，传动装置，加热冷却装置，润滑装置和紧急停车装置等部件组成。其结构如图 5-1 所示。传动装置包括万向联轴器、减速机、制动器及电动机等。

开炼机的前、后二辊筒分别在水平方向上平行放置，并通过轴承安装于机架上。两辊筒由传动系统传递动力，使其相向旋转，对投入辊隙的物料实现滚压、混炼。机架上安装有调距装置，以调节两个辊筒之间的距离，两辊间安装有挡料板以防止物料进入辊筒轴承内。辊筒内腔设有加热装置，由加热载体通过辊筒使混炼时辊筒能保持恒温。开炼机的紧急停车装置在非常情况发生时可迅速停机。由于开炼机是开放式的操作，故机器上通常设置排风罩，用以抽出废气和热气，以改善工作环境，减少有害气体对操作人员健康的影响。

（2）开炼机的选用　在选用开炼机时通常应根据开炼机的生产能力、辊筒直径与长度、辊筒线速度与速比、驱动功率等方面进行选择。

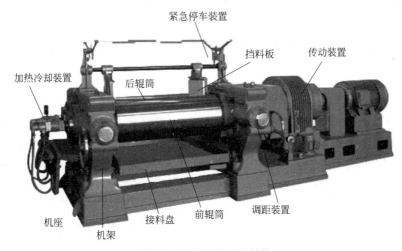

图 5-1　开炼机的基本结构

　　开炼机生产能力是指开炼机单位时间内的产量，即 kg/h。生产能力越大，效率越高。辊筒是开炼机的主要工作零件，辊筒工作部分长度与辊筒直径直接决定一次装料量。通常用辊筒工作部分长度与辊筒直径来表征开炼机的规格。辊筒直径是指辊筒最大外圆的直径，而辊筒长度是指辊筒最大外圆表面沿轴线方向的长度。一般开炼机的规格都已标准化，表 5-1 所示为我国常用开炼机的规格及技术参数。

表 5-1　部分国产开炼机规格及技术参数

型号	辊筒直径/mm	工作长度/mm	前辊线速/(m/min)	速比	一次加料量/kg	电机功率/kW
SK-160	160	320	1.92～5.76	1∶1.5	1～2	5.5
SK-230	230	630	11.3	1∶1.3	5～10	10.8
SK-400	400	1000	18.65	1∶1.27	30～35	40
SK-450	450	1100	30.4	1∶1.27	50	75
SK-550	550	1500	27.5	1∶1.28	50～60	95

　　辊筒线速度是指辊径上的切线速度。开炼机前辊的速度一般小于后辊速度，两辊筒速度之比简称速比。速比的存在可提高对物料的剪切塑化效果，同时使物料产生一个包覆前辊的趋势。前后辊的速比在 1.2～1.3。辊筒工作的线速度主要根据被加工材质、工艺条件及开炼机的规格与机器的机械化水平选取。辊筒的线速度与辊筒直径成正比，如表 5-2 所示。

表 5-2　辊筒直径与线速度

前辊直径/mm	辊筒线速度/(m/min)	前辊直径/mm	辊筒线速度/(m/min)
150～200	10～12	600～660	25～32
300～400	12～20	750～810	34～40
400～600	20～28		

　　开炼机是能耗较大的设备，合理确定其功率对机器选型、电机匹配及生产经济指标的确定都很重要。开炼机的功率消耗通常与被加工材料的性能、辊筒规格的大小、加工温度、辊距大小、辊速、速比等有关。一般物料黏度大、辊筒规格大、温度低、辊距小、辊速大时，功率消耗大。

5.1.3　开炼机的工作原理如何？

　　开炼机的两个空心辊筒平行安放装在机架上的轴承内，做相对不同线速度回转，物料在辊子之间混合、塑炼或粉碎，横梁由螺栓与机架固定，组成一个力的封闭系统，承受工作时的全部载荷；两侧的机架下部用螺栓与机座固定，组成一个机器整体。一个辊子安装在固定轴承内，另一个辊子安装在活动轴承内，而调距螺杆与活动轴承相接，实现辊子之间的间隙调节。为了满足混炼时的辊筒温度要求，由加热系统向辊筒内腔提供一定的能量，输入或排出水或蒸汽。

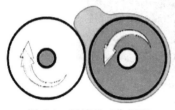

图 5-2　开炼机工作原理

开炼机工作时，前、后两辊筒相向旋转，且速度大小不同，具有一定的速比，物料由于与辊筒表面的摩擦和附着作用而被拉入辊隙中，在辊筒强热的剪切和挤压作用下，产生拉伸延展，增加组分间的接触界面，产生分布混合的作用。辊筒的加热及剪切和摩擦热使物料软化或熔融，通过辊隙时，料层变薄且包在温度较高的前辊筒上（前辊），如图 5-2 所示。经多次反复滚压使物料各组分达到预定的分散度和塑炼状态。

5.1.4　开炼机的操作步骤如何？操作过程中应注意哪些问题？

（1）开炼机操作步骤

① 开机操作之前，首先应检查所有润滑部位，并检查各传动部分有无阻碍，检查各部位有无泄漏。检查安全装置中安全片完好情况，以免在安全片损坏后继续使用调距装置造成不良后果。同时，还必须检查制动装置的可靠性，空运转制动行程不得超过辊筒的 1/4 圈。还应检查开炼机及周围环境的清洁，以免将金属等杂物带入辊隙而损坏辊筒和设备等。

② 在开炼机启动时，应先调开辊距，把辊筒转速调低，启动油泵运转数分钟，使减速器获得充分润滑，再开动主电动机，低速运转辊筒。

③ 打开加热装置，使辊筒在低速运转中缓慢通入蒸汽，进行加热升温，直至工艺控制温度。

④ 调节辊距至合适位置，注意调节辊距时左右两端要均匀，不要相差太大，否则易损坏辊筒轴颈和铜轴瓦。调节两侧挡料板的宽度，保证混炼物料的幅宽和防止物料的外泄。

⑤ 投料。投料时应先沿传动端少量加料，待包辊完毕，再逐渐增加，以避免载荷冲击，引起安全片或速比齿轮的损坏。物料在混炼过程中要注意不断翻动、折叠物料，以使物料混炼更加均匀，提高混炼效率等。

⑥ 停机时，应先停止加料，再关闭加热装置停止加热，然后调开辊距，卸下物料，调低辊筒的转速，让辊筒在低速运转中缓慢冷却。

⑦ 待辊温低于 70～80℃时停机，清扫设备和场地。

（2）操作注意事项

① 操作人员应注意周围环境清洁，以免将杂物带入辊缝中轧坏辊筒和机器，一旦有其他物品混入时，禁止用手或其他工具攫取，应立即拉动安全拉杆，使机器停车。

② 事故停车装置主要用于发生故障或事故时才用。注意，一般停车时不要使用，以免制动带磨损。

③ 投料时不要使用过小的辊距，并且两端辊距应尽量均匀，避免机器超载。

④ 辊筒的加热与冷却必须在运转中缓慢进行，不得在静止状态时进行加热和冷却。否则冷铸铁辊筒会因温度的突变而产生变形甚至断裂。另外，在加热时应使辊隙有一定距离，以防止辊筒受热膨胀，产生挤压变形。

⑤ 机器工作时，传动装置或运动部件出现噪声、撞击声、强烈振动时应立即停车，检

查处理，开炼机轴承、传动齿轮、速比齿轮等承载较大，操作中要经常检查其温升和润滑情况，保证良好的润滑。

⑥ 操作开炼机的劳动强度较大，温度高，有粉尘。所以应注意通风和劳动保护，设法减轻劳动强度。

5.1.5　开炼机操作过程中应如何控制？

开炼机操作过程中主要控制的是辊筒温度、辊筒线速度和速比、一次加料量、物料的翻转次数等工艺参数。

在开炼机进行塑炼时，物料在辊筒的外部加热及辊筒对物料剪切和摩擦所产生的热量下渐渐软化或熔融，因此应控制合适的辊筒温度，温度太高会出现过热分解，过低又会塑化不良。为了能使物料顺利地包在操作辊筒上（前辊），前辊的温度应控制稍高一些，一般前辊比后辊高 5℃左右。如通常对于 PVC 着色物料塑炼的温度应控制在 $160\sim180℃$。

开炼机工作时，两辊筒的线速度及速比越大，物料与辊筒表面的摩擦、剪切作用越强，从而使物料受拉伸延展作用大，形变越大，可增加组分间的接触界面，增强分布混合作用。

开炼机混炼过程中要不断地翻料，使物料沿辊筒轴线移动，破坏原有的封闭回流域，以增强物料混炼的均匀性。

开炼机正常操作时的物料量应是包覆前辊后在两辊间还有一定数量的积存料，相向旋转的辊筒将这些积料不断带入辊隙，同时又不断形成新的积料。当积料过多时，物料不能顺利地进入辊隙，只能在原地滚动而影响混炼的质量。

5.1.6　开炼机应如何维护与保养？

开炼机的维护与保养主要包括机械、电气两部分。

（1）机械部分的维护与保养　开炼机在使用过程中合理、科学地进行维护与保养是主要零部件免于受损破坏、延长机器使用寿命的必要条件。开炼机的辊筒、辊筒轴承、调距机架、机架及停车装置等均承受较大的载荷。通常机械部件的维护与保养主要有以下几方面。

① 要经常检查调距装置，检定刻度与实际辊距是否相符，以免左、右端辊距相差太大，因而造成辊筒轴颈和铜瓦的破坏。

② 每次开车前，应先启动油泵电动机，在减速机获得充分的润滑条件下才开动主电动机。在工作中要注意减速机的润滑情况，当压力表的压力过高或过低时，都应检查管路是否渗漏或堵塞，并及时消除故障。

③ 万向联轴器要经常注意补加润滑油。若调距时万向联轴器有阻碍现象，则应及时检修。

④ 经常注意调节制动器制动轮间的间隙，以保证在使用事故停车装置时，辊筒继续转不大于 1/4 转。

⑤ 使用中要经常注意辊筒轴承的温升，其最高温度不应大于 7℃。如果温度过高，应适当减少负荷量并补加润滑油，然后还应检查轴承润滑系统和轴承座冷却系统情况。

⑥ 每月至少检查 1～2 次减速机、万向联轴器以及辊筒轴承等。即打开视孔盖或盖板检查齿轮工作面情况及润滑油的清洁情况。

⑦ 新机器使用三个月后（以后每隔半年），至少要详细检查一次减速机、调距装置等使用情况，打开箱盖或盖板检查齿面或工作面有无麻点、擦伤、胶合等缺陷，轮齿、滚动轴及密封装置的磨损情况及润滑油的质量等；并将减速机内壁进行清洗，换新油。

⑧ 如机器停用时间较长（如数十天），则应将减速机内及万向联轴器的润滑油及辊筒内

部积水排除干净，并在辊筒工作表面轴承等处涂上防锈油。

（2）电气部分的维护与保养

① 定期检查控制柜内的各接触器及继电器等触点，其接触必须良好，动作灵活。如有烧损等情况，应及时加以修复。

② 注意各导线接头是否松动脱落，各电器的温升和绝缘是否符合标准，电磁铁制动器的动作是否灵活，运行是否可靠。

③ 确保各电气设备的外壳可靠接地。

④ 电气设备必须保持清洁，定期进行清扫和检修，并检验绝缘电阻值。

⑤ 按电动机专用维护保养规则对电动机进行保养。

⑥ 按润滑细则要求进行定期加油及换油。

5.1.7 开炼机的中修包括哪些内容？

开炼机的中修主要包括以下几方面的内容：

① 拆卸、分解需要修理的部件，对所拆零件进行清洗、检查、鉴定，核对与补充检修单。

② 电动机除污、清洗、更换磨损的轴承。检查电控柜和电器线路，更换损坏的元件。

③ 检修联轴器，更换弹性圈、柱销等零件。

④ 检修减速机，修复或更换磨损的齿轮轴、齿轮、轴、轴承等传动零件，更换润滑油。

⑤ 修复或更换磨损的大、小驱动齿轮和辊筒端的传动齿轮，或万向联轴器的磨损零件。

⑥ 修理磨损的辊筒轴颈、更换铜瓦，修理或更换挡料板。

⑦ 检修紧急制动装置和安全防护装置，调试制动器。

⑧ 检修加热冷却系统，修理或更换损坏的零件及附件。

⑨ 检修润滑装置的油泵，疏通或更换油管，修理或更换损坏的零件及附件。

⑩ 检修辊距调节装置，修理或更换损坏的丝杠、螺母、安全片等。

⑪ 装配所拆卸、分解的部件，合格后进行空车运转。装配时应注意以精确的轴用水平仪检查辊子的水平度；检查辊颈与轴瓦间的间隙，此间隙在左、右轴瓦内应保持一致；检查齿轮的啮合；检查辊子的轴向游隙是否适中。

⑫ 将中修内容及主要零件（辊筒、铜瓦及传动零件等）的修理尺寸整理成图册，并记入设备档案。

5.1.8 开炼机的大修包括哪些内容？

开炼机大修主要包括的内容是：

① 全部拆卸、分解机器。对所有零件进行清洗、检查、鉴定，核对与补充检修单。

② 检修电动机，清洗并更换磨损的轴承。检修电控柜和电气线路，更换电气元件。

③ 更换或修理联轴器的弹性圈、柱销等零件。

④ 更换或修复减速机中磨损的齿轮轴、齿轮、轴、轴承等传动零件，更换润滑油。

⑤ 更换或修复大、小驱动齿轮和辊筒端的传动齿轮（或万向联轴器的磨损零件）。

⑥ 对磨损的辊筒轴颈进行修复，更换铜瓦，更换或修复损坏的挡料板。

⑦ 检修紧急制动装置和安全防护装置，调试制动器。

⑧ 检修加热冷却装置，更换损坏的零、附件。

⑨ 检修润滑装置的油泵，更换或疏通油管，更换损坏的零、附件。

⑩ 检修辊距调节装置，更换或修复磨损的螺母、丝杠和安全片等零件。

⑪ 机器外表除锈、补腻子、刷漆。更换或补齐铭牌。

⑫ 各部件分别装配，装配时应注意以精确的轴用水平仪检查辊子的水平度；检查辊颈与轴瓦间的间隙，此间隙在左、右轴瓦内应保持一致；检查齿轮的啮合；检查辊子的轴向游隙是否适中。

⑬ 合格后进行总装，并进行整机（包括基础）的检查、校正，进行空车运转。

⑭ 将大修内容及主要零件（辊筒、铜瓦、传动零件等）的修理尺寸整理成图册，并记入设备档案。

5.1.9　开炼机的辊筒及轴承应如何修复？

（1）辊筒的修复　辊筒的修复一般包括以下三个工序：① 清除空腔中的机械性污垢和水垢；② 用金属喷镀法修复辊颈；③ 磨削辊身。

辊筒空腔的清洗一般可用硫酸溶液或盐酸溶液进行酸洗等化学清理法。采用酸洗法时可将溶液从双孔接头直接导入进行清洗。当有大量污垢时，一般要用铣刀或刷子等机械清洗法进行清理。

辊筒轴颈的修复一般可用金属喷镀法，必要时也可磨削辊颈，再配以铜瓦以达到修复的目的。修复辊筒轴颈时需使用大型的车床和起重设备。

辊筒辊身的修复一般采用磨削法来修复，对辊身的磨削主要有以下三种方法：①在专用磨床上进行；②在安装地点用携带式磨削工具进行；③在安装地点用专用研磨膏借助辊子彼此之间的磨合来进行。

（2）轴承的修复　开炼机辊筒的轴承通常是整体的铸铁座，其中装入整个或拼合的轴瓦。有的轴承座还设有水冷却的孔道。辊筒轴承受力主要集中在半部轴瓦上。所以，许多设备都采用一半是青铜，一半是铸铁的拼合轴瓦。对轴瓦的维护与更换则只是针对半个青铜轴瓦来进行。通常采用金属喷镀或敷焊的方法来修复。

5.1.10　开炼机工作过程中为何突然闷车不动？应如何处理？

（1）产生原因

① 温度出现下降，没有达到设定温度。

② 辊间加料或存料太多，负荷太大。

③ 机械部件有断裂、磨损等故障。

（2）处理办法

① 首先"反车"，取出物料，待温度达到要求后，找出故障部位予以修理后再行开车。

② 检查辊筒温度，适当提高辊温。

③ 减少辊间的物料。

④ 检查机械部件，出现断裂、磨损等问题及时更换或修复。

5.1.11　辊筒轴承座的温度过高是何原因？应如何解决？

（1）产生原因

① 辊间加料太多，负荷太大。

② 辊筒水冷却通道不畅或冷却水温太高。

③ 润滑系统的润滑油太少或润滑系统故障，造成润滑不良。

（2）解决办法

① 减少辊筒间的物料，降低开炼机的负荷。

② 检查冷却管路，清理或维修冷却管路。

③ 检查润滑油情况及润滑管路。

5.2 密炼机操作与疑难处理实例解答

5.2.1 密炼机有哪些类型？结构如何？

（1）密炼机的类型　密炼机是密闭式操作的混炼塑化设备，又称为密闭式炼塑机，是一种高剪切、高强力混合机，属塑料加工业规模化生产的常规设备之一。密炼机有多种类型，按密炼机混炼室的结构形式来分，可分为前后组合式和上下组合式。按转子的几何形状来分，可分为椭圆形转子、三棱形转子和圆转子的密炼机。椭圆转子密炼机相对其他类型有更高的生产效率和塑炼能力，应用较为广泛。按转子转速大小来分，可分为低速密炼机（转子转速在 20r/min 左右）、中速密炼机（转子转速在 30～40r/min）、高速密炼机（转子转速大于 60r/min）。按转速的调节来分，可分成单速、双速和多速密炼机。

（2）密炼机的结构　密炼机主要由密炼室和转子部分、加料和压料部分、卸料部分、传动部分及加热冷却系统、气动控制系统和润滑系统等组成。图 5-3（a）和（b）所示为 S(X)M-30 型椭圆转子密炼机的基本结构。

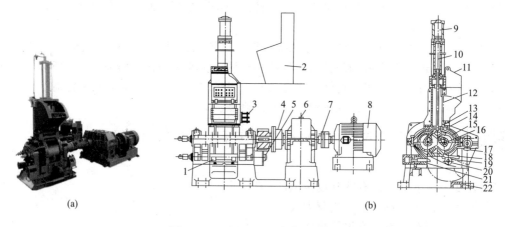

(a)　　　　　　　　　　　　　(b)

图 5-3　S(X)M-30 型密炼机结构

1—卸料装置；2—控制柜；3—加料门摆动油缸；4—万向联轴器；5—摆动油缸；
6—减速机；7—弹性联轴器；8—电动机；9—氮气缸；10—油缸；11—顶门；
12—加料门；13—上顶栓；14—上机体；15—上密炼室；16—转子；17—下密炼室；
18—下机体；19—下顶栓；20—旋转轴；21—卸料门锁紧装置；22—机座

密炼室和转子部分一般包括密炼室、转子、密封装置等。密炼室壁是由钢板焊接而成的夹套结构，在密炼室空间内，完成物料混炼过程，夹套内可通加热循环介质，目的是使密炼室快速均匀升温来强化塑料混炼。

密炼室内有一对转子，转子是混炼室内塑炼物料的运动部件，通常两转子的转速不等，转向相反。转子固连在转轴上，转子内多为空腔结构，可通加热介质。

密炼室转子轴端设有密封装置，以防止转动时溢料，常用的有填料式或机械迷宫式密封装置等。

加料和压料部分处于密炼机上方，加料部分主要由加料斗和翻板门所组成。

　　压料部分主要由活塞缸、活塞、活塞杆及上顶栓组成。上顶栓与活塞杆相连，由活塞带动能上下往复运动，可将物料压入密炼室，在混炼时对物料施加压力，强化塑炼效果。

　　卸料部分主要由下顶栓与锁紧装置组成。下顶栓与气缸缸体相连，由气缸驱动，使缸体底座上的导轨往复滑动而实现卸料门的启闭，锁紧装置实现卸料门锁紧或松开。下顶栓内部还可通入加热介质。

　　传动部分主要由电动机、弹性联轴器、减速齿轮机构、万向联轴器、速比齿轮等组成。电动机通过弹性联轴器带动减速机、万向联轴器等使密炼室中的两转子相向转动。

　　密炼机加热冷却系统通常由管道及各控制阀件等组成，一般采用蒸汽加热。液压传动系统在密封机中主要由叶片泵、油箱、阀件、冷却器和各种管道组成。

　　气动控制系统的部件主要由压缩机、气阀、管道等组成，主要完成加压与缸料机构的动力与控制。电控系统主要由控制箱和各种仪表组成。

　　润滑系统主要由油泵、分油器和管道等组成，主要作用是完成对传动系统齿轮和轴承、转子轴承及导轨等各运动部件的润滑。

5.2.2　密炼机的工作原理怎样？

　　密炼机工作时，物料首先从密炼机加料口投入混炼室，然后压下上顶栓，物料在上顶栓一定压力的作用下压入密炼室。在方向相反并有一定的速比的两个转子的剪切、搅拌等及上下顶栓、转子、密炼室壁的加热作用下，实现对物料的混合、塑化和均化。混炼好的物料可通过开启卸料门将物料排出。其工作过程如图 5-4 所示。

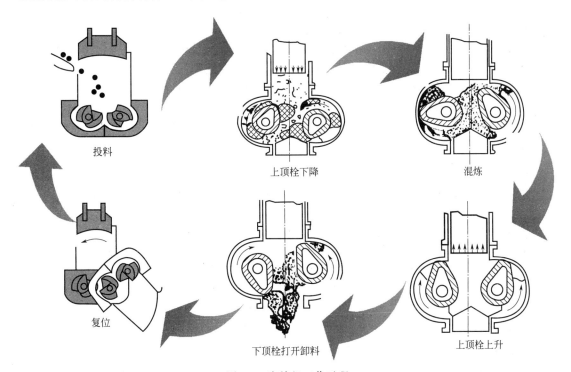

图 5-4　密炼机工作过程

　　密炼机转子在旋转过程中，由于转子呈 Z 形（图 5-5）或 S 形，使其与混炼室之间间隙不断变化，因而对物料起着较大的捏炼作用，同时物料在摩擦力的作用下会沿转子作轴向运动，使两个转子对物料产生折卷与往返切割作用，另外转子与卸料门间也会对物料产生搅拌的作用。因此，物料能在密炼室内受到高剪切、高强力的混合、混炼，从而达到使物料混炼均匀的效果。

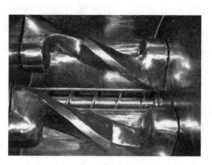

图 5-5　Z 形密炼机转子

5.2.3　生产中应如何选用密炼机？

生产中选用密炼机时，通常从结构形式和规格参数两方面综合考虑。

（1）结构形式的选用　密炼室的结构形式通常有前后组合式和对开组合式两种类型。前后组合式由前后正面壁和左右侧面壁组成，用螺钉和销钉与左右支架连接和固定，结构简单，制造容易，但装拆不便。对开组合式的密炼室由上下两夹套组成，对开组合式密炼室安装和检修都比较方便，目前国内一些新型密炼室多用对开组合式。

密炼室的加热装置主要有夹套式和钻孔式加热结构两种，夹套中间有许多隔板，蒸汽由一边进入后，在夹套中沿轴线方向循环流动至另一边流出。国内生产的密炼机多采用夹套加热结构。密炼机钻孔式加热结构是在密炼室壁上钻多个轴向小孔，成等间距分布，使蒸汽能沿小孔形成循环气道流动。由于钻孔通道靠密炼室壁较近，导热距短，而且钻孔通道中蒸汽有节流增速效应，蒸汽与金属表面的接触面积大，故导热效率高。

卸料机构的结构常用的主要有滑动式、摆动式两种类型。摆动式卸料机构启闭速度快，启闭一次用时 2～3s，一般大型或高速密炼机均用此构造，但它要增加液压传动系统。

椭圆形转子有两棱至四棱之分，四棱转子有两个长棱和两个短棱，与物料的接触面积大，传热效果好。转子每转一周多受一次剪切、捏炼作用，来回搅拌翻捣的作用也增加，混炼作用加强，所以混炼效果远比二棱椭圆形转子好。

（2）规格型号的选用　密炼机的规格参数主要包括生产能力、转子的转速、转子的驱动功率及上顶栓压力等。这些参数是选择和使用密炼机的主要依据。

密炼机生产能力与密炼机总容积及一次装料量有关。为了保证密炼效果，密炼机的装填料一般为密炼机总容积的 50%～85%。通常生产能力越大，密炼机的产量越大。

转子的转速是衡量密炼机性能的主要指标。密炼机工作过程中，物料所受的剪切作用的大小与转子的转速成正比，转子转速提高可增大混炼剪切作用，缩短混炼时间，从而可大大提高生产效率。

为了增强混炼的效果，通常密炼机两转子之间存在一定的速差，以椭圆形转子密炼机为例，两转子的速度比值（速比）一般为 1：（1.15～1.19）。

上顶栓对物料的压力对密炼机的工作效率和质量都极为重要，是强化混炼过程的主要手段之一。加大上顶栓的压力，可使一次加料量增大，并可使物料与密炼机工作部件表面、各物料之间更加迅速接触，产生挤压，从而加速物料的混合。同时，使物料之间及物料与密炼机各接触部件表面之间的摩擦力增大，剪切作用增强，从而改善分散效果，提高混炼质量，也可缩短混炼周期。但上顶栓压力过大会使物料填塞过紧而没有充分的活动空间，会引起混炼困难。

上顶栓压力的取值可根据加工物料的软硬来选，一般硬料比软料取值大。目前常用的上顶栓压力为 0.2~0.6MPa，国际上较先进的密炼机也有用到 1MPa 的。

5.2.4 密炼机应如何进行安全操作？

① 开机前首先检查所加工的物料，确保清洁无异物、脏物。清洁密炼机，特别是加料门、压料装置、卸料门等与物料接触部位，若附着有物料或杂质，则会影响部件的运动和密封性能。

② 检查压缩空气、冷却水或蒸汽的压力是否符合要求，否则不应投料混炼。

③ 检查各润滑系统管路畅通无阻，润滑点出油正常。各润滑部位应根据润滑细则灌注规定量的润滑剂。

④ 检查压料装置、加料门及卸料门等运动情况，其运动应灵活、可靠，不得有卡紧现象。检查电气设备安全性、可靠性。

⑤ 一切正常即可接通电源，通入蒸汽升温至所需温度，再保持温度恒定一段时间后方可投料。

⑥ 工作时，通过气控系统把上顶栓提升，加料门打开进行投料，然后把加料门关闭，重锤下压，使物料压在密闭的混炼室内进行混炼。物料混炼后，通过气动系统，卸料门打开，把物料卸出，卸料完毕后，即把卸料门关闭，并锁紧，以进行下一次的混炼。

⑦ 密炼完成后，停机前需关闭蒸汽阀门，打开排气管排出气休，然后通冷却水让转子在转动过程中降温至 50℃方能正式关机。

⑧ 关机后需清理工作台，将上顶栓升起，插入保险销，并打开下顶栓，关上加料门。

5.2.5 密炼机操作过程中应注意哪些问题？

① 注意观察机器各部分的运动情况，齿轮减速机及整个传动装置运动情况，传动应平稳，无异常杂声及冲击声。观察各连接部件应无松动。

② 观察密封装置是否良好，若在混炼过程中有少量油糊状物料从密封装置中漏出一般属正常现象。如出现泄漏厉害的情况，应停机检查并及时修复。

③ 注意机器各部分温度不应有骤升现象，各部分壳体温度不得超过如下规定值：转子轴承温度≤40℃，短时最高温度≤120℃；减速机轴承温度≤40℃，短时最高温度≤70℃。

④ 如因事故临时停车，混炼室物料无法卸出时，必须先提起上顶栓，将转子反转，卸出物料，以免第二次启动时过载。

⑤ 加料斗下料口处，如粘有污物造成上顶栓卡住时，在进行检查前必须将上顶栓提起，插上安全销，然后才能进行检查和清洁。

5.2.6 密炼机应如何维护与保养？

① 平时注意保持各运转部位处于良好润滑状态，尤其是转子轴承和密封装置。

② 经常擦洗机器外表，保持设备清洁。密炼机加料口应与负压通风畅通，应及时清理工作散出的粉料以维护环境清洁。

③ 密炼机应定期检修，平时应经常检修各连接与紧固件、密封装置、上下顶栓密封填料、各阀门与仪表。

④ 若设备长时间停止使用，应在加热系统中将一个空气阀门打开，通入压缩空气，将部分残存的冷凝水排出。

⑤ 定期（一般 3 个月左右）检查联轴器柱销有否松动，检查减速机的润滑油量、油质，及时补充或更换，检查油泵、气泵的工作情况，气缸是否工作平稳、可靠、无爬行现象，安

全保护装置、检查装置是否安全可靠。

⑥ 定期调整上顶栓及轴承间隙，检查传动部分检修电机、轴承、万向联轴器铜瓦及减速机齿轮磨损情况，并更换磨损的轴承、铜瓦等。

5.2.7 密炼机中修主要包括哪些内容？

密炼机在使用过程中，有些部件会受到不同程度的磨损，如转子与所加工原料接触的整个表面及轴颈、各部的密封件、传动系统的齿轮以及转子和传动装置的轴承轴瓦、压料及卸料气缸活塞、上下顶栓及导板等。因此，密炼机每工作一段时间应对其进行大中型检修，一般中修工作时间间隔为 2～3 年。密炼机中修的内容主要包括以下几方面：

① 拆卸、分解需要更换和修理的部件。对所拆卸零件进行清洗，检查、鉴定、核对与补充检修单。

② 电动机除污、清洗，更换磨损的轴承，进行电机性能检测，检修电控柜和电气线路，更换损坏的元件。

③ 更换联轴器的弹性圈、柱销、万向联轴器的铜瓦等零件。

④ 修复或更换减速机的齿轮轴、齿轮、轴、轴承等传动零件，更换润滑油。

⑤ 修理转子轴颈、更换轴承（铜瓦），修复或更换磨损的密封环、合金圈，衬圈，疏通密封环的油孔。

⑥ 检修润滑装置的油泵和附件，疏通油管，更换润滑油（脂）。

⑦ 检修加热系统、加料装置、安全防护装置和气动装置的管路和附件，更换磨损的密封圈。

⑧ 装配所拆卸、分解的部件，合格后做空车运转。

⑨ 将中修内容和主要零件（转子、铜瓦、传动零件和密封零件等）的修理尺寸整理成图册，并记入设备档案。

5.2.8 密炼机大修主要包括哪些内容？

密炼机大修的工作时间为满 4～6 年，大修的内容主要包括以下几方面：

① 全部拆卸、分解机器，对所有零件进行清洗，检查、鉴定、核对与补充检修单。拆卸先从取下护罩、平台和管线开始，然后拆除传动轴、加料斗和上顶栓，此后，打开传动转子的伸出轴承并把它们移开，把齿轮从转子上取下。拆开密封环以后，取下一个侧壁，取出两个转子。拆卸的最后取下混合室外壳（然后把它拆成两半）及第二个侧壁，最后取下下顶栓。

② 检修电动机，清洗和更换磨损的轴承。对电机性能进行检测，检修电控柜和电气线路，更换损坏元件。

③ 更换联轴器的弹性圈、柱销等零件。对磨损的万向联轴器本体进行更换或修复万向联轴器的铜瓦。

④ 更换或修复减速机的齿轮轴、齿轮、轴承等传动零件。修复磨损的转子（工作表面和轴颈），更换轴承（铜瓦）。转子及混合室外壳的内壁的工作表面磨损严重时，可采用敷焊的方法修复，敷焊后，用磨削工具粗磨端面和工作断面。转子的轴颈磨损严重时，可采用金属喷镀法，或磨削轴颈再配以铜瓦来修复。

⑤ 全部更换或修复混炼室的密封零件（密封环、合金圈、衬圈），修复转子与混炼室的间隙，疏通密封环的油孔。密炼机混炼室内密封环摩擦表面可采用敷焊和磨削的方法进行修复。

⑥ 检修各部分的气动装置，修复或更换磨损的气缸和活塞环，全部更换密封圈。

⑦ 对下顶栓与底座、下顶栓与混炼室之间的接触面进行修复。

⑧ 检修加料装置、安全防护装置，更换或修复损坏的零件。

⑨ 更换或修理加热系统和压缩空气路的管路及附件。

⑩ 更换或修复润滑装置的油泵、附件，疏通或更换油管，更换全部润滑油（脂）。

⑪ 各部件分别装配，装配时的顺序是：下顶栓→混合室外壳及第二个侧壁→转子→另一个侧壁→密封环→齿轮→轴承→加料斗→上顶栓→传动轴→平台和管线→护罩。

⑫ 合格后总装，进行整机检查，并做空车运转。

⑬ 将大修理内容及主要零件（转子、铜瓦、传动零件和密封零件等）的修理尺寸整理成图册，并记入设备档案。

5.2.9 密炼机的自动密封装置是如何对密炼室侧壁进行密封的？密炼机的侧壁密封处漏料应如何处理？

（1）自动密封装置的密封　为防止密炼机混炼时漏料，通常在密炼机的轴颈和密炼室侧壁间环形间隙处设置密封装置，常用的密封装置有内压端面自动密封式、液压式、填料式和机械式。密炼机密封装置的性能与使用寿命将直接影响塑料密炼质量与车间的环境。

密炼机工作时能自动密封轴颈和密炼室侧壁间环形间隙，如内压端面自动密封装置中套圈固定在转子轴颈上，套圈上套内密封圈，由压板、螺钉、弹簧固定，套圈随转子转，外密封圈则通过一组螺钉固定在端面挡板上。挡板固定在机架上，表面堆焊耐磨合金。内密封圈、端面挡板与物料接触的表面镀铬。密封装置工作时密炼室中的物料向外挤压而产生较大的压力，使内外密封圈紧密接触，以实现密封的作用，并处于良好的密封状态。密封圈上有软化油入口和润滑油口。软化油可使密炼室漏出的物料变为黏状物（半流体）而使密封保持压力。润滑油可润滑内、外密封圈的接触处。密封装置的密封压力和密封程度一般可由密炼室内的压力来自动调节。

（2）密封处漏料处理办法　密炼机的侧壁密封处出现密封件磨损或转子的轴颈磨损时，可能出现密封处漏料现象。生产中出现密封处漏料时应首先检查密封装置和转子轴颈，及时更换或修复密封装置、轴颈；其次检查密封圈上的润滑系统。

5.2.10 密炼机的密炼室内出现异常声响是何原因？应如何解决？

（1）产生原因

① 转子与密炼室壁间的间隙太小，产生了碰撞、刮擦。

② 间隙装置中青铜环破损，转子调隙失灵。

（2）处理办法

① 调整合适的转子与密炼室壁间的间隙。

② 更换青铜环。

5.2.11 密炼机工作过程中上顶栓动作为何失灵？应如何解决？

（1）产生原因

① 上顶栓密封圈损坏。

② 油压或气压不足。

③ 活塞磨损，密封性不好。

④ 上顶栓入口通道不畅通。

（2）解决办法

① 更换密封圈。

② 修复活塞、电气设备。

③ 清理通道。

④ 维修压缩空气供应系统。

5.3 普通单螺杆挤出机操作与疑难处理实例解答

5.3.1 挤出机有哪些类型？普通单螺杆挤出机对于塑料的混炼有何特点？

（1）挤出机的类型　挤出机有多种结构形式，按螺杆的有无可分为螺杆式挤出机和无螺杆式挤出机；螺杆式挤出机按螺杆的数目又可分为单螺杆挤出机、双螺杆挤出机和多螺杆挤出机等；按可否排气来分，可分为排气挤出机和非排气挤出机；按螺杆在空间的位置来分，可分为卧式挤出机和立式挤出机。生产中较为常用的是卧式单螺杆或双螺杆挤出机。

（2）普通单螺杆挤出机混炼特点　普通单螺杆挤出机是将塑料原料加热，通过螺杆的旋转，使物料混炼、塑化，使之呈黏流状态，在压力的作用下被连续挤出。用于物料混炼时，主要具有以下几方面的特点：

① 由于挤出过程具有连续性，并且效率高，易实现生产过程的自动化。

② 适应性能较广。能加工绝大多数的热塑性塑料和一些热固性塑料，也可用于以上原料的混合、塑化、脱水、着色、造粒、压延喂料等；也可用于电缆料、色母料等半成品的加工，用于制品的成型；既能生产管材、板材、棒材、异型截面型材、薄膜、复合膜、丝、带等制品，又能生产中空容器等单件塑料制品。

③ 由于挤出机结构简单，操作方便，成本低，故投资少，收效快。

④ 有较完善和先进的控制系统，能准确无误、协调控制挤出机的各个动作，使挤出机的温度、压力和流率等严格控制在工艺条件所规定的范围内，以获得高质量的产品。

⑤ 具有足够的强度和刚度，结构合理、紧凑，利于操作和维护，成本低。

5.3.2 普通单螺杆挤出机的结构组成如何？

普通单螺杆挤出机主要由挤压系统、传动系统、加料系统、加热冷却系统、控制系统等部分组成。图 5-6 所示为普通单螺杆挤出机结构组成。

挤压系统主要由料筒、螺杆、分流板和过滤网等组成，图 5-7 所示为螺杆与机筒。物料通过挤压系统而塑化成均匀的熔体，并在这一过程中建立起一定压力，使物料在螺杆的作用下被压实，并连续地定压、定量、定温地挤出。

图 5-6　普通单螺杆挤出机结构组成

图 5-7　螺杆与机筒

传动系统主要由电机、齿轮减速箱和轴承等组成。其作用是驱动螺杆，并使螺杆在给定的工艺条件（如温度、压力和转速等）下获得所必需的扭矩和转速并能均匀地旋转，完成挤出过程。

加料系统主要由料斗和自动上料装置等组成。其作用是向挤压系统稳定且连续不断地提供所需的物料。

加热冷却系统主要由机筒外部所设置的加热器、冷却装置等组成。其作用是通过对机筒、螺杆等部件进行加热或冷却，保证成型过程在工艺要求的温度范围内完成。

挤出机的控制系统由各种电器、仪表和执行机构组成，根据自动化水平的高低，可控制挤出机的拖动电机、驱动油泵、油（汽）缸以及其他各种执行机构所需的功率、速度及其检测；控制挤出机的温度、压力、流量，最终实现对整个挤出机组的自动控制和对产品质量的控制。

5.3.3 普通单螺杆挤出机的螺杆有哪些类型？ 螺杆的结构如何？

（1）螺杆的类型　螺杆是挤出机的关键部件，挤出机螺杆的结构形式比较多，包括普通螺杆和新型螺杆。普通螺杆按其螺纹升程和螺槽深度不同，可分为等距变深螺杆、等深变距螺杆和变深变距螺杆；其中等距变深螺杆按其螺槽深度变化快慢，又分为等距渐变螺杆和等距突变螺杆。而新型螺杆则包括分离型螺杆、屏障型螺杆、分流型螺杆和波状螺杆等。

（2）普通螺杆的结构　普通螺杆的结构如图5-8所示，螺杆的结构参数主要包括螺杆直径、螺杆的有效工作长度、长径比、螺槽深度、螺距、螺旋角、螺棱宽度、压缩比、螺杆（外径）与机筒（内壁）的间隙等。

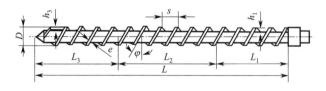

图5-8　普通螺杆的结构

螺杆直径（D）是指螺杆外径，单位用mm表示。

螺杆的有效工作长度（L）是指螺杆工作部分的长度，单位为mm。对普通螺杆人们常常把螺杆的有效工作长度L分为加料段（L_1）、熔融段（L_2）、均化段（L_3）三段。

① 加料段（L_1）的作用是将松散的物料逐渐压实并送入下一段，减小压力和产量的波动，从而稳定地输送物料，对物料进行预热。

② 熔融段（L_2）又称为压缩段，其作用是把物料进一步压实，将物料中的空气推向加料段排出，使物料全部熔融并送入下一段。

③ 均化段（L_3）又称计量段，其作用是将已熔融物料进一步均匀塑化，并使其定温、定压、定量、连续地挤入机头。

螺杆长径比是指螺杆有效工作长度（L）与螺杆直径D之比，通常用L/D表示。

螺槽深度是一个变化值，用h表示，单位mm。对普通螺杆来说，加料段的螺槽深度用h_1表示，一般是一个定值；均化段的螺槽深度用h_3表示，一般也是一个定值；熔融段的螺槽深度是变化的，用h_2表示。

螺距是指相邻两个螺纹之间的距离，一般用s表示，单位mm。

螺旋角是指在中径圆柱面上，螺旋线的切线与螺纹轴线的夹角，一般用 φ 表示，单位（°）。

螺棱宽度是指螺棱法向宽度，用 e 表示，单位 mm。

螺杆（外径）与机筒（内壁）的间隙一般用 δ 表示，单位 mm。

压缩比：在螺杆设计中压缩比的概念一般指几何压缩比，它是螺杆加料段第一个螺槽容积和均化段最后一个螺槽容积之比，用 ε 表示：

$$\varepsilon = \frac{(D-h_1)h_1}{(D-h_3)h_3}$$

式中，h_1 和 h_3 分别是螺杆加料段第一个螺槽的深度和均化段最后一个螺槽的深度。还有一个物理压缩比，它指的是塑料受热熔融后的密度和松散状态的密度之比。设计时采用的几何压缩比应当大于物理压缩比。

5.3.4 单螺杆挤出机的料筒结构怎样？有哪些形式？各有何特点？

（1）料筒结构　在挤出过程中，料筒和螺杆同样也是在高压、高温、严重的磨损、一定的腐蚀条件下工作的，同时料筒还要将热量传给物料或将热量从物料中带走，料筒外部还要设置加热冷却系统，安装机头及加料装置等。因此，料筒的结构和材料的选择对挤出过程有较大的影响。

大中型挤出机料筒一般由衬套和料筒基体两部分组成，基体一般由碳素钢或铸钢制造，衬套由合金钢制成，耐磨性好，且可以拆出加以更换。衬套和基体要有良好的配合，如采用 h6/k6～h6/js6 配合。

为了提高固体输送率，在料筒加料段内壁开设纵向沟槽和将加料段靠近加料口处的一段料筒内壁做成锥形（IKV 加料系统）。

在料筒加料段处开纵向沟槽时，只能在物料仍然是固体或开始熔融以前的那一段料筒上开。纵向沟槽长 $(3\sim5)D$，有一定锥度。沟槽的数目与螺杆直径有关，一般槽数不能太多，否则会导致物料回流，使输送量下降。表 5-3 所示为几种直径的螺杆下料筒纵向沟槽的开设情况。

表 5-3　几种直径的螺杆下料筒纵向沟槽的开设

螺杆直径 D/mm	沟槽数目	槽宽 b/mm	槽深 h/mm
45	4	8	3
60	6	8	3
90	8	10	4
120	12	10	4
150	16	10	4

料筒内壁做成锥形时，一般锥度的长度可取 $(3\sim5)D$（D 为料筒内径），加工粉料时，锥度可以加长到 $(6\sim10)D$。锥度的大小决定于物料颗粒的直径和螺杆直径，螺杆直径增加时，锥度要减少，同时加料段的长度要相应增加。

（2）料筒结构形式与特点　料筒的结构形式通常有整体式料筒、组合式料筒、衬套式料筒和双金属料筒等几种（图 5-9）。整体式料筒是在整体坯料上加工出来的。这种结构容易保证较高的制造精度和装配精度，也可以简化装配工作，便于加热冷却系统的设置和装拆，而且热量沿轴向分布比较均匀，但这种料筒要求较高的加工制造条件。

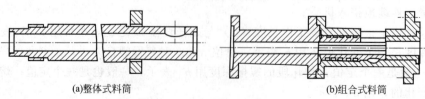

(a)整体式料筒　　　　　　　　　　　　(b)组合式料筒

图 5-9　料筒的结构

组合式料筒是指一根料筒由几个料筒段组合起来。一般排气式挤出机和用于材料改性的挤出机多采用组合料筒。采用组合式料筒有利于就地取材和加工，对中小型厂是有利的，但实际上组合料筒对加工精度和装配精度要求很高。组合式料筒各料筒段多用法兰螺栓连接在一起，这样就破坏了料筒加热的均匀性，增加了热损失，也不便于加热冷却系统的设置和维修。

双金属料筒通常是在碳素钢料筒的内壁离心浇铸一层耐磨合金，如 Xaloy 合金，然后加厚至所需尺寸，这种料筒有很好的耐磨性、耐腐蚀性，从而可大大延长料筒的使用寿命。

5.3.5 表征单螺杆挤出机性能的参数主要有哪些？挤出的型号如何表示？

（1）单螺杆挤出机主要的性能参数 表征单螺杆挤出机性能的参数主要有螺杆直径、螺杆长径比、螺杆的转速范围、驱动电机功率、料筒加热段数、料筒加热功率、挤出机生产率以及挤出机的外形尺寸等。

螺杆直径是指螺杆外径（D，mm），通常用来表示挤出机的规格。

螺杆长径比（L/D）是指螺杆的工作部分长度（即有螺纹部分的长度）与螺杆直径之比，一般可表征螺杆的强度，长径比越大，螺杆的强度会越小。

螺杆的转速范围一般用 $n_{min} \sim n_{max}$ 表示。n_{max} 表示最高转速，n_{min} 表示最低转速，用 $n(r/min)$ 表示螺杆转速。

驱动电机功率（N，单位 kW）是指驱动螺杆旋转所需的功率。

料筒加热段数（B），为了能保证物料的塑化质量，一般料筒需分段加热控制；加热段数越多，越有利于温度的准确控制。通常挤出机料筒的加热段数应在三段以上。

料筒加热功率（E，单位 kW），一般料筒的加热功率大，加热至所需温度的时间越短。

挤出机生产率（Q，单位 kg/h）是指单位时间的挤出产量。挤出机生产率越高，产量越高。

机器的中心高（H，mm）是指螺杆中心线到地面的高度，机器的外形尺寸：长、宽、高，单位 mm。

（2）挤出机规格型号的表示 由于挤出机的品种类型较多，因此对于挤出机规格型号的表示国家橡胶塑料机械标准 GB/T 12783—2000 中作了统一的规定。根据规定，我国挤出机型号编制是以字母加数字来表示的，其表示方法为：

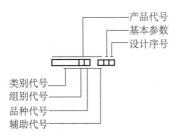

从左向右顺序：第一格为类别代号，塑料机械代号为 S；第二格为组别代号，挤出成型机械代号为 J；第三格为品种代号，是指挤出机生产不同产品和不同挤出机的结构形式代号，排气式代号为 P，发泡代号为 F，喂料代号为 W，鞋用代号为 E，阶式代号为 J，双螺杆代号为 S，锥型代号为 Z，多螺杆代号为 D。这三个格组合在一起为：塑料挤出机 SJ，塑料排气式挤出机 SJP，塑料发泡挤出机 SJF，塑料喂料挤出机 SJW，塑料鞋用挤出机 SJE，阶式塑料挤出机 SJJ，双螺杆塑料挤出机 SJS，锥型双螺杆挤出机 SJSZ，双螺杆发泡塑料挤出机 SJSF，多螺杆塑料挤出机 SJD。第四格为辅助代号，用来表示辅机，代号为 F；如果

是挤出机组，则代号为 E。这四格组成了产品代号。第五格为基本参数，标注螺杆直径和长径比。第六格为设计序号，指产品设计顺序，按字母 A、B、C 等顺序排列。第一次设计不标注设计号。

例如：SJ-45×25 表示塑料挤出机，螺杆直径为 45mm，螺杆长径比为 25：1。螺杆长径比为 20：1 时不标注。

5.3.6 普通螺杆的结构参数应如何确定？

普通螺杆的结构参数主要包括螺杆直径和长径比、螺杆三段参数、压缩比、螺杆和料筒间隙的确定等。

（1）螺杆直径的确定　螺杆直径是指螺杆的外径，它是挤出机的重要参数，是表征挤出机的规格的参数。

挤出螺杆的直径我国已实现标准化、系列化，目前所颁布的螺杆直径系列主要有 30、45、65、90、120、150、200 等规格。

生产中螺杆直径一般根据所加工制品的断面尺寸、加工塑料的种类和所要求的生产率来确定。用于物料的混炼时，一般根据生产能力的大小来选择螺杆直径的大小。一般来说，要求生产能力大的应选大的螺杆直径，反之对生产能力要求不高时则可选较小的螺杆直径。

（2）螺杆长径比的确定　螺杆的长径比在一定意义上也表征螺杆的塑化能力和塑化质量。螺杆的长径比大，螺杆的长度就大，塑料在料筒中停留的时间就长，塑化得更充分更均匀，故可以保证产品质量。在此前提下，可以提高螺杆的转速，从而提高挤出量。但长径比大时，螺杆、料筒的加工和装配都比较困难和复杂，成本也相应提高，并且使挤出机加长，增加所占厂房的面积。此外，长径比大，螺杆的下垂度增大，因此会增加螺杆的弯曲度而造成螺杆与料筒的间隙不均匀，有时会使螺杆刮磨料筒而影响挤出机的寿命。单螺杆挤出机用于物料的混炼时一般选择较小的螺杆长径比。常用的长径比是 16、18 等。

（3）螺杆各段长度的确定　对于普通三段螺杆，各段参数的确定一般应根据所加工物料的性质来确定。加工 PVC 等非结晶性塑料时，通常压缩段的长度比较长，占螺杆有效部分长度的 55%～65%，而加料段比较短，为（3～5）D。为了提高 PVC 粉料的产量，可以将这一段的长度增加到（6～10）D。

在加工 PE 等结晶性塑料时，压缩段长度较短，一般仅为（2～5）D。加料段为螺杆有效部分长度的 60%～65%。

（4）压缩比的确定　压缩比的作用是将物料压缩、排除气体，建立必要的压力，保证物料到达螺杆末端时有足够的致密度。压缩比的确定除了应考虑塑料熔融前后的密度变化之外，还要考虑在压力下熔融塑料的压缩性、螺杆加料段的装填程度和挤压过程中塑料的回流等因素。压缩比与物料的性质、制品的情况等有关。用于物料混炼的螺杆通常压缩比可小些。

（5）螺杆与料筒配合间隙　螺杆与料筒配合间隙是一个表征螺杆与料筒相互关系的参量。通常螺杆与料筒配合间隙增大，为熔融所需要的螺杆长度就要相应增加。例如，直径 $D=65$mm 的螺杆，加工 LDPE 配合间隙约为 $0.5\%D$，则所需要的熔融长度为间隙为零时所需要的熔融长度的 2.25 倍。配合间隙的大小还会直接影响熔融过程的稳定性。螺杆与料筒配合间隙大时，漏流也会随着增加，因而使挤出量下降。一般配合间隙达到均化段螺槽深度的 15% 时，漏流相当大，螺杆即不能再使用。

螺杆和料筒的配合间隙的确定必须结合被加工物料的性质、机头阻力情况、螺杆料筒的材质及其热处理情况、机械加工条件以及螺杆直径的大小来选取。对于不同物料应选择不同大小的配合间隙。例如 PVC，由于其对温度敏感，配合间隙小会使剪切增大，易造成过热分解，因此应选得大一些。而对于低黏度的非热敏性材料，如 PA、PE，应当选尽量小的配合间隙，以增加其剪切。一般来说，螺杆直径越大，配合间隙的绝对值应选得越大。如螺杆直径为 30mm 时，其配合间隙一般在 0.10～0.25mm；而螺杆直径为 90mm 时，其配合间隙一般在 0.30～0.50mm。

（6）螺纹升角　一般物料形状不同，对加料段的螺纹升角要求也不一样。用于粉料时螺纹升角一般在 30°左右较为合适，用于圆柱形物料时，一般在 17°左右较为合适；用于方块形物料时一般在 15°左右较为合适。

5.3.7　挤出螺杆头有哪些结构形式？各有何特点？

当塑料熔体从螺旋槽进入机头流道时，其料流形式急剧改变，由螺旋带状的流动变成直线流动。为了得到较好的挤出质量，要求物料尽可能平稳地从螺杆进入机头，尽可能避免局部受热时间过长而产生热分解现象。螺杆头是物料从螺旋槽到机头的一个过渡件，螺杆头部的结构形式会直接影响塑料熔体在机头内的流动，从而影响产品的质量。目前国内外常用的螺杆头部的结构形式主要有钝形、锥形、光滑鱼雷头形等。

钝形螺杆头与机头之间有较大空间，一般容易使物料在螺杆头前面停滞而产生分解，也易造成挤出波动，故一般用于加工热稳定性较好的（如聚烯烃类）塑料。这类螺杆头一般在其前面还要求装分流板。

锥形螺杆头主要用于加工热稳定性较差的塑料（如 PVC），但仍然能观察到因有物料停滞而被烧焦的现象；锥部斜截的螺杆头，其端部有一个椭圆平面，当螺杆转动时，它能使料流搅动，物料不易因滞流而分解。锥部带螺纹的螺杆头，能使物料借助锥部螺纹的作用而运动，较好地防止物料的滞流结焦，主要用于电缆行业。

光滑鱼雷头与料筒之间的间隙通常小于它前面的螺槽深度，有的鱼雷头表面上开有沟槽或加工出特殊花纹，它有良好的混合剪切作用，能增大流体的压力和消除波动现象，常用来挤出黏度较大、导热性不良或有较为明显熔点的塑料，如纤维素、聚苯乙烯、聚酰胺、有机玻璃等，也适于聚烯烃造粒。

5.3.8　螺杆常用的材料有哪些？各有何特点？

在挤出过程中螺杆需经受高温、一定腐蚀、强烈磨损、大扭矩的作用。因此，螺杆的制作材料必须是耐高温、耐磨损、耐腐蚀、高强度的优质材料，并且还应具有良好的切削性能、热处理后残余应力小、热变形小等特点。目前螺杆常用的制作材料主要有 45 号钢、40Cr、渗氮钢等。

45 号钢便宜，加工性能好，但耐磨耐腐蚀性能差。

40Cr 的性能优于 45 号钢，但往往要镀上一层铬，以提高其耐腐蚀、耐磨损的能力。但对镀铬层要求较高，镀层太薄易于磨损，太厚则易剥落，剥落后反而加速腐蚀。

渗氮钢综合性能比较优异，应用比较广泛。例如，采用 38CrMoAl 渗氮处理深度为 0.3～0.6mm 时，外圆硬度 740HV 以上，脆性不大于 2 级。但这种材料抵抗氯化氢腐蚀的能力较 40Cr 钢低，且价格较高。渗氮钢 34CrAlNi7 和 31CrMoV9 等，渗氮后表面硬度可达 1000～1100HV，其强度极限都在 900MPa 左右，有较好的耐磨、耐腐蚀性能。

5.3.9　何谓分离型螺杆？有何特点？

（1）分离型螺杆　分离型螺杆是指在挤出塑化过程中能将螺槽中固体颗粒和塑料

熔体相分离的一类螺杆。根据塑料熔体与固体颗粒分离的方式不同，分离型螺杆又分为 BM 螺杆、Barr 螺杆和熔体槽螺杆等。图 5-10 所示为 BM 型螺杆的结构，这种螺杆的加料段和均化段与普通螺杆的结构相似，不同的是在熔融段增加了一条起屏障作用的附加螺棱（简称副螺棱），其外径小于主螺棱，这两条螺棱把原来一条螺棱形成的螺槽分成两个螺槽以达到固液分离的目的。一条螺槽与加料段相通，称为固相槽，其螺槽深度由加料段螺槽深度变化至均化段螺槽深度；另一条螺槽与均化段相通，称为液相槽，其螺槽深度与均化段螺槽深度相等。副螺棱与主螺棱的相交始于加料段末，终于均化段初。

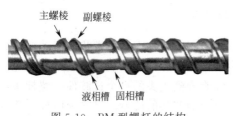

主螺棱　副螺棱

液相槽　固相槽

图 5-10　BM 型螺杆的结构

当固体床在输送过程中开始熔融时，因副螺棱与机筒的间隙大于主螺棱与机筒的间隙，固相槽中已熔的物料越过副螺棱与机筒的间隙而进入液相槽，未熔的固体物料不能通过该间隙而留在固相槽中，这样就形成了固、液相的分离。由于副螺棱与主螺棱的螺距不等，在熔融段固相槽由宽变窄至均化段消失，而液相槽则逐渐变宽直至均化段整个螺槽的宽度。

Barr 螺杆与 BM 螺杆的不同之处是主副螺棱的螺距相等，固相螺槽和液相螺槽的宽度自始至终保持不变。固相螺槽由加料段的深度渐变至均化段的深度，而液相螺槽深度由零逐渐加深，至均化段固体床全部消失时，液相螺槽变至最深，然后再突变过渡至均化段的螺槽深。这种螺杆加工比较方便，但由于液相螺槽到达均化段时很深，故用于直径较小的螺杆时有强度不够的危险。

熔体槽螺杆是在熔融开始并形成一定宽度的熔池处的下方螺槽内开一条逐渐变深、宽度不变的附加螺槽，一直延续到均化段，再突变过渡至均化段螺槽深。螺杆的液相螺槽窄而深，与机筒接触面积小，得到的热量少，受到的剪切小，对实现低温挤出是有利的。而固相螺槽宽且保持不变，能保持与机筒内壁的最大接触面积，可以获得来自机筒壁较多的热量，故熔融效率高。

（2）特点　分离型螺杆塑化效率高，塑化质量好，由于附加螺棱形成的固、液相分离而没有固体床破碎，温度、压力和产量的波动都比较小，排气性能好，单耗低，适应性强，能实现低温挤出。

5.3.10 何谓屏障型螺杆？有何特点和适用性？

（1）屏障型螺杆　所谓屏障型螺杆就是在普通螺杆的某一位置设置屏障段，使未熔的固相物料不能通过，并促使固相物料彻底熔融和均化的一类螺杆，如图 5-11 所示。典型的屏障段有直槽型、斜槽型、三角型等。直槽屏障段是在一段外径等于螺杆直径的圆柱上交替开出数量相等的进、出料槽，如图 5-12 所示，进入出料槽前面的凸棱（屏障棱）与螺杆外径有一屏障间隙（C）。

（2）屏障型螺杆特点与适用性　屏障型螺杆在工作过程中，若熔体中含有未熔的物料经过屏障段，会被分成若干股料流进入屏障段的进料槽，熔体和粒度小于屏障间隙 C 的固态小颗粒料越过屏障棱进入出料槽。塑化不良的小颗粒料在屏障间隙中受到剪切作用，大量的机械能转变为热能，使小颗粒物料熔融。另外，由于进、出料槽的物料一方面向前作轴向运动，另一方面会随螺杆的旋转作圆周运动，因而使物料在进、出料槽中呈涡状环流，促进物料之间的热交换，加快固体物料的熔融；物料在进、出料槽的分流与汇合增强了对物料的混合作用。

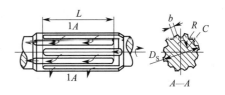

图 5-11　屏障型螺杆　　　　　　图 5-12　直槽屏障段的结构

屏障段是以剪切作用为主，混合作用为辅的元件。屏障段通常用螺纹连接于螺杆主体上，替换方便，屏障段可以是一段，也可以将两个屏障段串接起来，形成双屏障段，可以得到最佳匹配来改造普通螺杆。屏障型螺杆的产量、质量、单耗等各项指标都优于普通螺杆。

屏障型螺杆主要适于聚烯烃类物料的成型加工。

5.3.11　何谓分流型螺杆？销钉型螺杆有何特点？

（1）分流型螺杆　所谓分流型螺杆是指在普通螺杆的某一位置上设置分流元件，如销钉或通孔等，将螺槽内的料流分割，以改变物料的流动状况，促进物料的熔融，增强对物料混炼和均化的一类新型螺杆。其中利用销钉起分流作用的简称为销钉型螺杆，如图 5-13 所示；利用通孔起分流作用的则称为 DIS 螺杆。

（2）销钉型螺杆的特点　销钉螺杆是在普通螺杆的熔融段或均化段的螺槽中设置一定数量的销钉，且按照一定的相隔间距或方式排列。销钉可以是圆柱形，也可以是方形或菱形；可以是装上去的，也可以是铣出来的。

销钉螺杆以混合作用为主，剪切作用为辅。由于在螺杆的螺槽中设置了一些销钉，故易将固体床打碎，破坏熔池，打乱两相流动，并将料流反复地分割，改变螺槽中料流的方向和速度分布，使固相物料和液相物料充分混合，增大固体床碎片与熔体之间的传热面积，对料流产生一定阻力和摩擦剪切，从而增加对物料的混炼、均化。

这种形式的螺杆在挤出过程中不仅温度低、波动小，而且在高速下这个特点更为明显；可以提高产量，改善塑化质量，提高混合均匀性和填料分散性，获得低温挤出。

5.3.12　何谓波型螺杆？有何特点？

（1）波型螺杆　波型螺杆是螺杆螺棱呈波浪状的一类螺杆。常见的是偏心波型螺杆结构，如图 5-14 所示，它一般设置在普通螺杆原来的熔融段后半部至均化段上。波型段螺槽底圆的圆心不完全在螺杆轴线上，是偏心地按螺旋形移动，因此，螺槽深度沿螺杆轴向改变，并以 2D 的轴向周期出现，槽底呈波浪形，所以称为偏心波状螺杆。物料在螺槽深度呈周期性变化的流道中流动，通过波峰时受到强烈的挤压和剪切，得到由机械功转换来的能量（包括热能），到波谷时，物料又膨胀，使其得到松弛和能量平衡。其结果是加速固体床破碎，促进物料的熔融和均化。

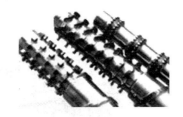

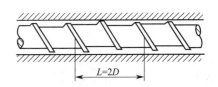

图 5-13　销钉型螺杆　　　　　　图 5-14　偏心波型螺杆结构

（2）波型螺杆特点　由于物料在螺槽较深之处停留时间长，受到剪切作用小，而在螺槽较浅处受到剪切作用虽强烈，但停留时间短。因此，物料温升不大，可以实现低温挤出。另外，波状螺杆物料流道没有死角，不会引起物料的停滞而分解，因此，可以实现高速挤出，提高挤出机的产量。

5.3.13 何谓静态混合器？静态混合器有哪些结构形式？

（1）静态混合器　静态混合器是设在挤出机口模与螺杆之间的新型混炼元件。静态混合器是一组形状特殊并按一定规律排列的固定元件。由螺杆输送来的物料在压力下通过这些元件时，会被不断地分割成若干股，每股料流不断改变其流动方向和空间位置，然后汇合进入机头。在静态混合器中，物料的各种组分得到均化，温度也更均匀。静态混合器用于挤出生产线时，因不需要修改原塑化装置，特别适用于改造旧的挤出机以提高产品质量。但一般会增加压力损失，熔体有少量温升，因此选用时应加以注意。

（2）静态混合器的结构形式　静态混合器种类很多，常见的主要有 Kenics 静态混合器、Ross 静态混合器和 Sulzer 静态混合器等三种结构形式。这几种形式的静态混合器几乎适用于所有热塑性塑料的加工，如 LDPE、LLDPE、HDPE、PP、PS、PC、ABS、PET、PA6 等。但由于 PVC 易分解，因此使用时要注意。

① Kenics 静态混合器由许多扭曲板件（扭曲方向有左、右之分）按不同方向相对交错镶嵌在空心圆管内壁构成，相邻两个板件端面交叉成 90°焊接在一起，图 5-15 所示为 Kenics 静态混合器元件的结构。

熔体通过这组元件时，被不断地分割，通过多个元件被分成两股料流，而且两股料流通过元件时都会产生回转。回转方向与元件螺旋方向相反，在两元件交界处产生混合流动。这些流动能消除径向的组分浓度、温度、黏度的差异，如可使径向温差降低至几摄氏度。这种混合器特别适合吹塑薄膜生产。

② Ross 静态混合器由多个两端有 120°切口的圆柱体切口互成 90°，入口的切口内凹，出口的切口外凸的元件连接而成，两个相接元件间形成一个四面体空间。如图 5-16 所示。每个元件出入端都有 4 个排列在一条直径线上的孔，而且每个孔的径向位置发生变化，原来在一端外侧的孔，到达另一端时，就变成位于内侧的孔。前一个元件的 4 个孔的排列直线与后一个元件的 4 个孔的排列直线成 90°。

元件上 120°的斜切面可以使水平方向流进的物料转换成垂直方向流出的物料。两个相邻元件孔的扭向一个是顺时针，一个是逆时针，这样可以提高物料的混合效果。

③ Sulzer 静态混合器是由几个以不同方式排列的波状薄片组成的叠层单元放在圆管中构成的，每一叠层单元的相邻薄片的波纹互成 90°，其元件结构如图 5-17 所示。物料进入混合器后，被分割成许多层，而且与其他波状薄片的料流发生混合、转向，以达到均化的目的。

图 5-15　Kenics 静态混合器元件　　图 5-16　Ross 静态混合器元件　图 5-17　Sulzer 静态混合器元件

5.3.14 挤出螺杆头部设置分流板和过滤网的作用是什么？应如何设置？

（1）设置分流板和过滤网的作用 在螺杆头部和口模之间设置分流板和过滤网的作用是使料流由螺旋运动变为直线运动，阻止未熔融的粒子进入口模，滤去金属等杂质。同时，分流板和过滤网还可提高熔体压力，使制品比较密实。另外，物料通过孔眼时能进一步塑化均匀，从而提高物料的塑化质量。但应注意在挤出硬质 PVC 等黏度大而热稳定性差的塑料时，一般不宜采用过滤网，甚至也不用分流板。

（2）分流板和过滤网的设置方法 分流板有各种形式，目前使用较多的是结构简单、制造方便的平板式分流板。分流板多用不锈钢板制成，因料筒的中间阻力小，边缘阻力大，其孔眼的分布一般是中间布疏，边缘密，或者边缘孔的直径大，中间的孔直径小，以使物料流经时的流速均匀。分流板孔眼多按同心圆周排列，或按同心六角形排列。孔眼的直径一般为 $3\sim7mm$，孔眼的总面积为分流板总面积的 $30\%\sim50\%$。分流板的厚度由挤出机的尺寸及分流板承受的压力而定，根据经验取为料筒内径的 20% 左右。孔道应光滑无死角，为便于清理物料，孔道进料端要倒出斜角。

在制品质量要求高或需要较高的压力时，如生产电缆、透明制品、薄膜、医用管、单丝等，一般放置过滤网。过滤网一般使用不锈钢丝编织粗过滤网，铜丝编织细过滤网。网的细度为 $20\sim120$ 目，层数为 $1\sim5$ 层。具体层数应据根据塑料性能、制品要求来叠放。

设置分流板及过滤网时，其位置是：螺杆—过渡区—过滤网—分流板。分流板至螺杆头的距离不宜过大，否则易造成物料积存，使热敏性塑料分解；距离太小，则料流不稳定，对制品质量不利。一般为 $0.1D$（D 为螺杆直径）。

设置过滤网时，如果采用两层过滤网，则应将细的过滤网放在靠螺杆一侧，粗的靠分流板放，若采用多层过滤网，可将细的过滤网放在中间，两边放粗的；这样可以支承细的过滤网，防止细的过滤网被料流冲破。

5.3.15 换网装置有哪些类型？各有何特点？

分流板及过滤网，在使用一段时间后，为清除板及网上杂质，需要进行更换。挤出机上简单的分流板及过滤网需要停车后用手工更换，当塑料中含有杂质较多时，过滤网堵塞较快，必须频繁更换。过滤网两侧使用压力降连续监控装置，如压力超过某一定值，则表明网上杂质比较多，需要换网。

目前主要有非连续换网器和连续换网器两种。

（1）非连续换网器 非连续换网器有手动操作的快速换网装置和液压驱动的滑板式非连续换网器等多种结构形式。

(a) 手动旋转式换网器   (b) 手动滑板式换网器

图 5-18 手动操作的快速换网装置

手动操作的快速换网装置结构如图 5-18 所示，它是最简单的一种换网装置，在换网时挤出生产线必须中断。

图 5-19　液压驱动的滑板式
非连续换网装置

液压驱动的滑板式结构如图 5-19 所示，它通过液压驱动滑板实现换网动作。需要换网时，液压活塞将带有滤网组的分流板向一侧移开，移出的脏网更换后备用，同时将带有新网的分流板移入相应位置。此装置的换网时间少于 1s，但熔体的流动会受到瞬时影响。主要用于工业生产中，若用于拉条切粒生产，则会破坏料条。

（2）连续换网器　连续换网器的结构形式有单柱塞式和双柱塞式两种形式，其主要组成为换网器驱动装置（液压驱动装置）及换网器本体两部分。结构如图 5-20 所示。

单柱塞式密封性好，具有短平直的熔体流道，可快速换网不停机。运行成本低，性价比高，适用于低黏度熔体，但是压力波动较高，最高应用温度 300℃。

双柱塞式连续换网器总共有 4 个过滤流道，在换网时至少有一个滤网在工作，可在工作中不中断熔体的流动并在多孔板并入流道时排出空气。两个滑板有一个缓慢的运动，使聚合物熔体预填入多孔板，从而保证挤出压力波动很小。

(a) 单柱塞式

(b) 双柱塞式

图 5-20　连续换网器

5.3.16　挤出机的加料装置结构如何？应如何选用？

挤出机的加料装置一般由料斗部分和上料部分组成。料斗形状常见的有圆锥形、圆柱形、圆柱-圆锥形等。料斗的侧面开有视窗以观察料位，料斗的底部有开合门，以停止和调节加料量，料斗的上方可以加盖，防止灰尘、湿气及其他杂物进入。常见的普通料斗对物料没有干燥作用，而热风干燥料斗可通过鼓风机将热风送入料斗的下部对物料进行干燥。温度控制仪控制热风加热温度，同时还可以提高料温，加快物料熔融速度，提高塑化质量。

生产中料斗最好选用轻便、耐腐蚀、易加工的材料做成，一般多用铝板和不锈钢板。料斗的容积视挤出机规格的大小和上料方式而定，一般情况下为挤出机 1～1.5h 的挤出量。

除一些小型挤出机外，大多数挤出机都采用专门的上料装置。挤出机的上料装置主要有鼓风上料、弹簧上料、真空上料、运输带传送装置等。

鼓风上料装置是利用风力将物料吹入输送管道，再经设在料斗上的旋风分离器后进入料斗内，这种上料装置较适用于输送粒料，用于输送粉料时一定要注意输送管道的密封，否则不仅易造成粉尘飞扬而导致环境污染，而且输送效率降低。

弹簧上料装置由电动机、弹簧夹头、进料口、软管及料箱组成，结构如图 5-21 所示。电动机带动弹簧高速旋转，物料被弹簧推动沿软管上移，到达进料口时，在离心力的作用下，被甩至出料口而进入料斗。

弹簧上料装置结构简单、轻巧、效率高、使用方便可靠，故应用范围广，但输送距离小，只能作为单机台短距离的送料。一般采用粉料、粒料、块状料，且输送距离不远时叮选用，但应注意其弹簧的选用及弹簧露出部分的安放，否则弹簧易坏，也易烧坏电动机。

真空上料装置是通过真空泵使料斗内形成真空，使物料通过进料管进入料斗，如图5-22所示。真空泵可以除去在物料中的空气和湿气，以保证管材质量。可适用于粉料和粒料的上料。一般加工PA类等吸湿性较大的物料以及水分、挥发分含量较大的物料时，多选用真空上料装置。

图 5-21　弹簧上料装置

图 5-22　真空上料装置

5.3.17　挤出机下料口为何易出现下料不均匀及"架桥"，有何克服办法？

在挤出过程中，一般物料由料斗落入料筒并进入螺槽是依靠自身的重力，料斗中料位高度的变化也必然会引起进料速度的变化，进而造成加料不均匀。当料斗中的物料多时，料筒下料口处的物料受的重压力作用大，易被压实，会使下料阻力大，而导致下料口下料不畅，出现阻塞或"架桥"现象，特别是采用粉料时更显得严重。

为保证挤出过程中下料均匀，采取的办法主要有两个：一是在料斗中设料位控制装置；二是设置强制加料装置。

料位控制装置可保持料斗中的料位在一定范围内变动，使下料的速度基本稳定。料位控制装置通常在料斗中设有上料和下料两个料位计，如图5-23所示，以控制上料和下料的上下限，当料位超过上下限，便可控制上料装置自动停止上料或进行自动上料。另外的办法是采用强制加料。

强制加料装置是在料斗中设置搅拌器和螺旋桨叶，图5-24所示为螺旋强制加料装置结构，其加料螺旋由挤出机螺杆通过传动链驱动，加料器螺旋的转速与螺杆转速相适应，因而加料量可适应挤出量的变化。这种装置还设有过载保护装置，当加料口堵塞时，螺旋就会上升，而不会将塑料硬往加料口中挤，从而避免了加料装置的损坏。

强制加料克服加料口"架桥"或阻塞现象，并对物料有压填的作用，能保证加料均匀，从而提高挤出机的产量和产品的质量。

5.3.18　挤出机加热的方式有哪些？各有何特点？

挤出机的加热通常有液体加热和电加热等两种方式，其中以电加热用得最多。

（1）液体加热　液体加热的原理是先将液体（水、油、联苯等）加热，再由它们加热料筒，温度的控制可以用改变恒温液体的流率或改变定量供应的液体的温度来实现。这种加热方法的优点是加热均匀稳定，不会产生局部过热现象，温度波动较小。但加热系统比较复杂，以及有的液体（油）加热过高有燃烧的危险，有的液体（联苯和苯的低共溶点混合物）又易分解出有毒气体，而且这种系统有较大的热滞，故应用不大广泛，主要应用在一些有严格温度控制的场合，如热固性塑料挤出机等。

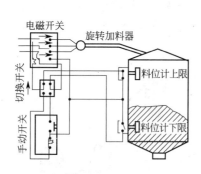

图 5-23　料位控制装置

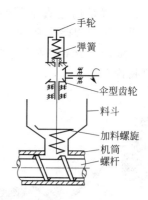

图 5-24　螺旋强制加料装置

（2）电加热　电加热又分为电阻加热和电感应加热，其中电阻加热的使用最为普遍。

①电阻加热　电阻加热是利用电流通过电阻较大的导线产生大量热量来加热料筒和机头。这种加热方法的加热器包括带状加热器、铸铝加热器和陶瓷加热器等。

a. 带状加热器是将电阻丝包在云母片中，外面再覆以铁皮，然后再包围在料筒或机头上，其结构如图 5-25 所示。这种加热器的体积小，尺寸紧凑，调整简单，装拆方便，韧性好，价格也便宜。但在 500℃ 以上，云母会氧化，其寿命和加热效率决定于加热器是否在所有点都能很好地与金属料筒相接触。如果装置不当，会导致料筒不规则过热，也会导致加热器本身过热甚至损坏。

b. 铸铝加热器是将电阻丝装于铁管中，周围用氧化镁粉填实，弯成一定形状后再铸于铝合金中，将两半铸铝块包到料筒上通电即可加热，其结构如图 5-26 所示。它除具有带状加热器的体积小、装拆方便等优点外，还因省去云母片而节省了贵重材料。因电阻丝为氧化镁粉铁管所保护，故可防氧化、防潮、防震、防爆、寿命长，如果能够加工得与料筒外表面很好地接触，其传热效率也很高。但温度波动较大，制作较困难。

图 5-25　带状加热器

图 5-26　铸铝加热器

c. 陶瓷加热器是将电阻丝穿过陶瓷块，然后固定在铁皮外壳中，如图 5-27 所示。这种加热器具有耐高温、寿命长（4～5 年）、抗污染、绝缘性好等特点，能满足现代塑料加工所需高温加热的工程塑料加工要求，最高加热温度可达 700℃。电阻加热的特点是外形尺寸小、重量轻、装拆方便。

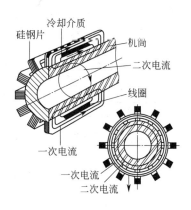

图 5-27　陶瓷加热器　　　　　　　　图 5-28　电感应加热器

② 电感应加热　电感应加热是由在机筒的外壁上隔一定间距装上若干组外包覆主线圈的硅钢片构成的，其结构如图 5-28 所示。当将交流电源通入主线圈时，产生电磁，而电磁在通过硅钢片和机筒形成的封闭回路时产生感应电动势，从而引起二次感应电压及感应电流，即图中所示的环形电流，也称为电的涡流。涡流在机筒中遇到阻力就会产生热量。

电感应加热的特点是预热升温的时间较短，加热均匀，在机筒径向方向上的温度梯度较小；对温度调节的反应灵敏；节省电能，比电阻加热器可节省大约 30%；使用寿命比较长。但加热温度会受感应线包绝缘性能的限制，不适合于加工温度要求较高的塑料，成本高；机身的径向尺寸大，装拆不方便，不便用于加热机头。

5.3.19　挤出机的冷却系统应如何设置？

（1）料筒的冷却系统　挤出机的料筒的冷却方法有风冷和水冷。

料筒采用风冷系统时，通常每一冷却段都配置一个单独的风机，用空气作为风冷介质，通过风机鼓风进行冷却。如图 5-29 所示。一般中小型挤出机料筒采用铸铝加热器、带状加热器时，多采用风冷系统。风冷比较柔和、均匀、干净，但风机占的空间体积大，如果风机质量不好，易有噪声。

料筒的水冷系统由冷却管道、冷却介质循环装置以及水处理装置组成。料筒的冷却管路的开设形式有多种，目前的常用形式是在机筒的表面加工出螺旋沟槽，然后将冷却水管（一般是紫铜管）盘绕在螺旋沟槽中，如图 5-30（a）所示。这种结构最大的缺点是冷却水管易被水垢堵塞，而且盘管较麻烦，拆卸亦不方便。冷却水管与料筒不易做到完全的接触而影响冷却效果。

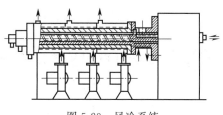

图 5-29　风冷系统

图 5-30（b）所示是将冷却水管同时铸入同一块铸铝加热器中。这种结构的特点是冷却水管也制成剖分式的，拆卸方便。但铸铝加热器的制作变得较为复杂。

图 5-30（c）所示是在电感应加热器内边设有冷却水套，这种装置装拆很不方便，冷冲击较为严重。

料筒采用水冷系统时，通冷却介质应是经过处理的去离子水，以防管壁生成水垢及被腐蚀。因此还必须有冷却的水处理装置。

水冷的冷却速度快，体积小，成本低。但易造成急冷，从而扰乱塑料的稳定流动，如果密封不好，会有跑、冒、滴、漏现象。水冷系统主要用于大中型挤出机。

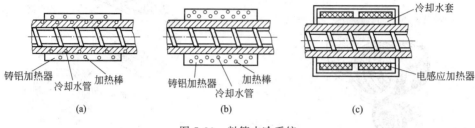

图 5-30　料筒水冷系统

（2）螺杆冷却系统　螺杆冷却系统由冷却管路和冷却介质循环装置两部分组成。螺杆内部冷却管路的设置如图 5-31 所示，它是在螺杆中心开设通道后，再插入冷却水管，并可通过固定的或轴向可移动的塞头或者不同长度的同轴管而使冷却水限制在螺杆中心孔的某一段范围内，对螺杆冷却长度进行调节，以适应不同要求。这种冷却装置也可采用油和空气作为冷却介质，油和空气的优点是不具有腐蚀作用，温控比较精确，也不易堵塞管道，但大型挤出机用水冷却效果较好。

（3）料斗座冷却系统　冷却料斗座的目的是防止加料段的物料温度太高，造成加料口产生所谓的"架桥"现象，使物料不易加入。同时还为了阻止挤压系统的热量传往止推轴承和减速箱，从而影响其正常工作条件。料斗座的冷却通常是在料斗座安装冷却水套，或在料斗座内开设冷却水通道，如图 5-32 所示。料斗座多用水作为冷却介质。

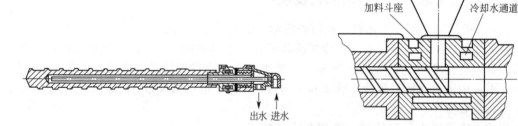

图 5-31　螺杆冷却系统　　　　　图 5-32　料斗座的冷却系统

5.3.20　单螺杆挤出机传动系统由哪些部分组成？常用传动系统的形式有哪些？各有何特点？

（1）单螺杆挤出机传动系统的组成　单螺杆挤出机的传动系统一般由原动机和减速器等两大部分组成。目前挤出机常用的原动机主要是整流子电机、直流电机、交流变频电机等，它们本身带有调速装置，传动系统可不必再设调速装置，这种原动机又称为变速电机。挤出机常用的减速装置主要有齿轮减速箱、蜗轮蜗杆减速箱、摆线针轮减速器、行星齿轮减速器等。

（2）常用传动系统的形式及特点　单螺杆挤出机的传动系统中不同的原动机与不同的减速器相配合时，即可组成不同的传动形式。常用的传动形式主要有：整流子电机与普通齿轮减速箱、直流电机与普通齿轮减速箱、直流电机和摆线针轮减速器或行星齿轮减速器、交流变频调速电机与普通齿轮减速箱等。

整流子电机与普通齿轮减速箱传动系统的结构如图 5-33 所示，其特点是运转可靠，性能稳定，控制、维修都简单。调速范围有 1∶3、1∶6 和 1∶10 几种。但由于调速范围大于 1∶3 后电机体积显著增大，成本也相应提高，故我国挤出机大都采用 1∶3 的整流子电机。调速范围不足时，可采用交换皮带轮或齿轮的方法来扩大。

直流电机与普通齿轮减速箱传动系统的结构如图 5-34 所示，其特点是启动比较平稳，调速范围大，如我国生产的 Z_2-51 型直流电机最大的调速为 1∶16，它既可实现恒扭矩调速，也可实现恒功率调速，并且体积小、重量轻、传动效率高。但直流电机在转速低于 $100\sim200r/min$ 时，其工作不稳定，而且在低速时电机冷却能力也相应下降。为了使直流电机在低速时散热良好，可以另加吹风设备进行强制冷却。

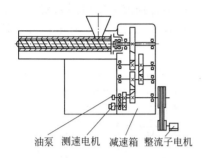

油泵　测速电机　减速箱　整流子电机

图 5-33　整流子电机-普通齿轮减速箱

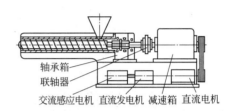

轴承箱
联轴器

交流感应电机　直流发电机　减速箱　直流电机

图 5-34　直流电机-普通齿轮减速箱

直流电机和摆线针轮减速器或行星齿轮减速器传动系统具有结构紧凑、轻便、速比大、承载能力强、效率高和声响小等优点，但维修较为困难。在小型挤出机中应用越来越广泛。图 5-35 所示为直流电机和摆线针轮减速器组成的传动系统。

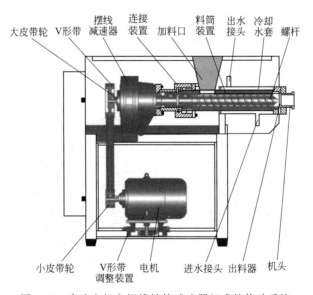

大皮带轮　V形带　摆线减速器　连接装置　加料口　料筒装置　出水接头　冷却水套　螺杆

小皮带轮　V形带调整装置　电机　进水接头　出料器　机头

图 5-35　直流电机和摆线针轮减速器组成的传动系统

交流变频调速电机与普通齿轮减速箱组成的传动系统调速范围宽、性能好，快速响应性优良，恒功率和恒扭矩调速节能效果好；启动扭矩大、过载能力强；运转可靠、性能稳定，能保持长时间低速或高速运行；噪声低、振动小；结构紧凑、体积小，控制简单、维修方便，容易实现自动化、数字化控制，调速方案先进，目前应用日渐增多。

5.3.21 减速器用止推轴承有哪些类型？轴承的布置形式有哪些？各有何特点？

（1）减速器用止推轴承的类型　减速器用止推轴承有推力球轴承、推力圆柱滚子轴承、推力圆锥滚子轴承、推力向心球面滚子轴承等。推力球轴承承载能力小，推力向心球面滚子轴承的承载能力大。由于挤出机工作时所受的轴向力与挤出机大小有关，还与机头压力有关，一般挤出机机头压力都较大，通常在 30～50MPa，因此大中型挤出机中一般不选用推力球轴承。我国一般使用推力向心球面滚子轴承（39000 系列和 69000 系列）。

（2）轴承的布置形式及特点　减速器中止推轴承的作用是将受到的向后的轴向力，及机头法兰处受到的向前的轴向力，通过机筒、加料座、连接螺钉构成力的封闭系统。止推轴承的布置有两种形式：一种是布置在减速器前部（即靠近机筒），如图 5-36 所示；另一种是布置在减速器后部，如图 5-37 所示。

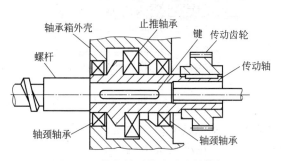

图 5-36　推力轴承装在减速箱前部

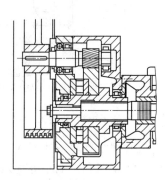

图 5-37　推力轴承装在减速箱后部

当推力轴承装在减速器前部时，减速器箱体承受部分或不承受轴向力的作用，轴向力大都作用在料筒上，使之与机头作用在料筒上的力相平衡，因此在挤出机中应用广泛。当减速器箱体承受部分轴向力作用时，通常可加厚箱体受力部分的结构，以保证箱体有足够的强度和刚度。要使箱体不受力，则可采用止推板或止推套结构，如图 5-38 所示。止推轴承装在前部时由于轴承空间受限制，因此装拆较困难。

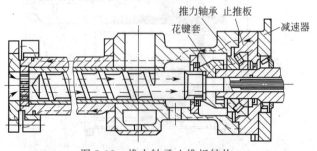

图 5-38　推力轴承止推板结构

当推力轴承装在减速器后部时，箱体全部承受轴向力，而且箱体壁受弯曲应力，因此箱体要有足够的强度。后部安装推力轴承有较大空间，安装维修较方便。

5.3.22 单螺杆挤出机的温度控制装置组成如何？控制原理如何？

（1）温度控制装置组成　在挤出过程中准确地测定和控制挤出机的温度并减少其波动，对提高产品的产量和质量是至关重要的，通常主要是对机头、机筒、螺杆的各段进行温度的测量和控制。

温度控制装置主要由测温仪、温度指示调节仪两部分组成。测温仪主要有热电偶、测温电阻和热敏电阻等类型。其中热电偶最为常用。

热电偶的结构如图5-39所示，热电偶测温头是由两根不同的金属或合金丝（铂铑-铂、镍铬-镍铝等）一端连接，接点处为测温端；另一端作输出端分别连接毫伏计或数字显示电路。测温时，由于测温端受热，与输出端产生温差，而形成温差电势，测量出温差电势的大小，即可确定测温点的温度。热电偶安装在机头处装设时，最好是能使热电偶直接与物料接触，以便能更精确地测量和控制机头的温度，一般有两种设置情况，如图5-40所示。若需要测量和控制螺杆的温度，热电偶可装在螺杆上。

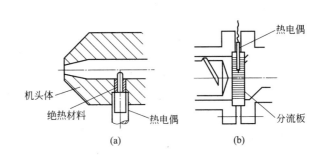

图 5-39　热电偶的结构　　　　　　　　　图 5-40　热电偶在机头上的两种设置情况

测温电阻是利用温度来确定导体电阻的数值，再将此数值转换成温度值的一种测温方法，结构如图5-41所示。它是用铂金、铜和镍等作为电阻的。测温电阻的体积比热电偶大，也比热敏电阻大。在测温时还存在探测的迟缓现象，但它可以直接测定温度。

热敏电阻是由数种金属氧化物组成的测温电阻，其结构如图5-42所示。它的温度系数小，探测的迟缓现象也小，所以得到广泛应用。用它来测低温的效果较好，在360℃以上使用较长时间时就会表现不稳定。

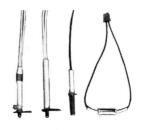

图 5-41　测温电阻结构　　　　　　　　　　　图 5-42　热敏电阻结构

温度指示调节仪的类型有可动线圈式温度控制仪、数字式温度控制仪等。可动线圈式温度控制仪是放在永久磁铁磁场内的可动线圈，由热电动势的作用所产生的电流通过它时，它就会按照电流的比例转动起来而指示温度。如图5-43所示，目前所采用的有 XCT-101、XCT-111、XCT-141、XCT-191 等。

数字式温度控制仪是把热电偶产生的热电势通过数字电路用数码管显示出来，如图5-44所示。它更为准确、直观，调节方便，已越来越广泛地被用于挤出机的温度控制。

图 5-43　可动线圈式温度控制仪

图 5-44　数字式温度控制仪

（2）温度控制的原理　如图 5-45 所示，由检测装置将控制对象的温度 T 测出，转换成热电势信号，输入到温度调节仪表与设定值温度 T_0 进行比较，根据偏差 $\Delta T = T - T_0$ 数值的大小和极性，由温度调节仪表按一定的规律去控制加热冷却系统，通过对加热量的改变，或者对冷却程度及冷却时间的改变，达到控制机筒或机头温度并使之保持在设定值附近的目的。

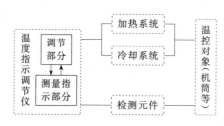

图 5-45　温度控制的原理

5.3.23　如何调节控制单螺杆挤出机压力？

单螺杆挤出机压力主要通过测压表和压力控制调节装置等进行调节控制。常用测压表的类型主要有液压式和电气式测压表等类型。液压式测压表的结构如图 5-46 所示，使用方便，但测量精度较低。电气式测压表的结构如图 5-47 所示，它可进行动态测试，并可自动记录数值，其测量灵敏、精度高，应用广泛。

图 5-46　液压式测压表

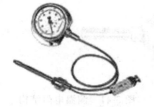

图 5-47　电气式测压表

挤出机压力的调节一般是采用压力调节阀进行压力调节。它通过改变物料输送过程中的流通面积来改变流道阻力进而调节压力。压力调节阀的形式有径向调节和轴向调节两种。径向调节形式如图 5-48（a）所示，它通过螺栓的上下调节流道阻力。其结构简单，控制简便，调节范围和精度很有限，且不利于物料的流通，适用于除更硬质聚氯乙烯塑料以外的塑料加工。轴向调节形式如图 5-48（b）所示，它是一种轴向调节间隙的压力调节装置，它通过移动螺杆而调节阀口轴向的间隙，其结构较复杂。

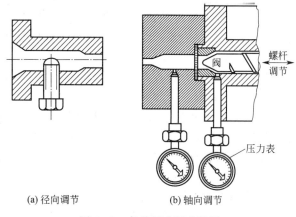

(a) 径向调节　　　　　　(b) 轴向调节

图 5-48 各种压力调节装置

5.3.24 单螺杆挤出机应具有哪些安全保护措施？

单螺杆挤出机应具有的安全保护措施是过载安全保护、加热器断线报警、金属检测装置及磁力架、接地保护、防护罩保护等。

过载保护是为了防止挤出机的螺杆、止推轴承、机头连接零件等在工作过程中所承受的工作应力超出其强度许用应力范围时，可能造成零件损坏或发生人身安全事故的一种保护。

过载保护又有安全销（键）的保护、定温启动装置、继电器保护等多重保护。

安全销（键）的保护装置是在挤出机传统系统皮带轮设置安全销（键），当过载时，安全销被剪断，切断电机传来的扭矩，起到保护作用。但这种方法可靠性较差。

定温启动是料筒升温若达不到工艺要求所设定温度，即使按下启动按钮，挤出机电机也不能启动。

继电器保护是在电机的电路中设置热继电器和过流继电器，一旦出现过载，继电器便可以切断电源。

加热器断线报警是在任何一段加热器断线，在电气柜上都有报警显示，以便及时维修。

金属检测装置及磁力架是为了防止原料中含有金属杂物或因工作不慎将金属物件落入料斗而严重损坏螺杆、机筒，一般在挤出机料斗上设置金属检测装置，一旦金属杂物进入料斗便自动报警或停机。磁力架是永久强磁磁铁，可以吸住进入料斗的磁性金属，以免金属落入料筒。

机身及电气柜都应按规定接地保护，电气控制柜应有开门断电保护及警示标牌，以避免人员触电安全事故。挤出机传动系统皮带传动、联轴器和料筒的加热器都应设有防护罩。

5.3.25 单螺杆挤出机操作步骤如何？操作过程中应注意哪些问题？

（1）单螺杆挤出机的操作步骤

① 开机前先检查电机、加热器、热电偶及各电源接线是否完好，仪表是否正常，水冷系统及润滑系统是否有泄漏，润滑油及各需润滑部位的状态是否良好，并对各润滑部位进行润滑。安装好分流板和机头，需要安装过滤网时还要按要求安装好过滤网。用铜塞尺调整口模间隙，使周向均匀一致。

② 打开总电源及挤出主机电源开关，根据工艺要求设定各段的工艺温度。

③ 开启电热器，对机身、机头及辅机均匀加热升温，待各部分温度比正常生产温度高10℃左右时，恒温30min，旋转模头恒温60min，使设备内外温度基本一致。

④ 待料筒温度达到要求后，若为带传动，应拨动带轮，检查各转动部位、螺杆和料筒有无异常，螺杆旋向是否正确；螺杆是右旋螺纹时，其旋转方向应是从螺杆头方向看过去为顺时针方向旋转。

⑤ 低速启动螺杆，空转2min左右，检查有无异常声响，各控制仪表是否正常，注意空转时间不能太长，以免损坏螺杆和料筒。

⑥ 待各部分都达到正常的开机要求后，先少量加入物料，待物料挤出口模时，方可正常投料。在物料被挤出之前，任何人均不得处于口模的正前方，以免发生意外。

⑦ 物料挤出后，检查挤出物料的塑化、水分、杂质等状态是否达到要求，并根据物料的状态对工艺条件做适当调节，直到挤出操作达到正常状态。

⑧ 在挤出机速度达到工作状态时，开通料筒加料段冷却循环水。

⑨ 停机时，先关闭主机的进料口，停止进料，再关闭料筒和机头加热器电源，关闭冷却水阀。断料后，观察口模的挤出量明显减少时，将控制主电机的电位器调至最小，频率显示为零，再断开主电机电源和各辅机电源。打开机头连接法兰，清理多孔板及机头各个部件。清理时应使用铜棒、铜片，清理后涂上少许机油。螺杆和料筒的清理，一般可用过渡料换料清理，必要时可将螺杆从机尾顶出清理。关掉控制柜面板总开关和空气开关。倒出剩余原料和清理场地。记下试车的情况，供今后查阅参考。

⑩ 挤出聚烯烃类塑料，通常在挤出机满载的情况下停车（带料停机），这时应防止空气进入料筒，以免物料氧化而再继续生产时影响制品的质量。遇到紧急情况需停主机时，应迅速按下红色紧急停车按钮。

（2）单螺杆挤出机操作注意事项

① 每次挤出机开车生产前都要仔细检查料筒内和料斗上下有无异物，及时清除一切杂物和油污。发现生产设备工作运转出现异常声响或运转不平稳，自己不清楚故障产生原因时，应及时停车，找有关人员解决。设备开车运行中不许对设备进行维修，不许用手触摸传动零件。

② 拆卸、安装螺杆和成型模具中各零件时，不许用重锤直接敲击零件，必要时应垫硬木再敲击拆卸或安装零件。

③ 如果料筒内无生产用料，螺杆不允许在料筒内长时间旋转，空运转时间最长应不超过2～3min。检查轴承部位、电动机外壳工作温度时，要用手背轻轻接触检测部位。

④ 挤出机生产中出现故障，操作工在排除处理时，不许正面对着料筒或成型机头，防止料筒内熔料喷出伤人。挤出机正常生产中也要经常观察主电动机电流表指针摆动变化，出现长时间超负荷工作现象时要及时停车，查出故障原因并排除后再继续开车生产。

⑤ 清理料筒、螺杆和模具上黏残料时，必须用竹或铜质刀具清理，不许用钢质刀刮料或用火烧烤零件上的残料。清理干净的螺杆如果暂时不使用，应涂一层防锈油，包扎好，垂直吊挂在干燥通风处。长时间停产不用的挤出机，成型模具的各工作面应涂好防锈油，进出料口用油纸封严。料筒上和模具上不许有重物堆放，免得长时间受压变形。

⑥ 新投入生产的挤出机生产线上各设备，试车生产500h后应全部更换各油箱及油杯中的润滑油（脂）。轴承、油杯、油箱和输油管路要全部排净原有润滑油，清洗干净，然后再加足新润滑油（脂）。

⑦ 挤出机生产工作中，操作工不许离岗做其他工作，必须离岗时应停车或找人代替看管。

5.3.26　单螺杆挤出机螺杆应如何拆卸？螺杆应如何清理和保养？

（1）单螺杆挤出机螺杆拆卸步骤

① 先加热机筒至机筒内残余物料的成型温度要求。

② 开机把机筒内的残余物料尽可能排净。

③ 在成型温度下，趁热拆下机头。

④ 排净机筒内物料后，停机，并关闭电源。

⑤ 松开螺杆冷却装置，取出冷却水管。

⑥ 在螺杆与减速箱连接处松开螺杆与传动轴连接，采用专用螺杆拆卸装置从后面顶出螺杆。

⑦ 待螺杆伸出机筒后，用石棉布等垫片垫在螺杆上，再用钢丝绳套在螺杆垫片处，然后按箭头方向将螺杆拖出。采用前面拉后面顶的方式，趁热拔螺杆。当螺杆拖出至根部时，用另一钢环套住螺杆，将螺杆全部拖出。

（2）螺杆的清理和保养　螺杆从挤出机拆卸并取出后，应平放在平板上，立即趁热清理，清理时应采用铜丝刷清除附着的物料，同时也可配合使用脱模剂或矿物油，使清理更快捷和彻底，再用干净软布擦净螺杆。待螺杆冷却后，用非易燃溶剂擦去螺杆上的油迹，观察螺杆表面的磨损情况。对于螺杆表面上小的伤痕，可用细砂布或油石等打磨抛光，如果磨损严重，可采用堆焊等办法补救。清理好的螺杆应抹上防锈油，如果长时间不用，应用软布包好，并垂直吊放，防止变形。

5.3.27　生产过程中应如何对挤出机进行维护与保养？

对挤出机进行合理的维护与保养，不但可以延长挤出机的使用寿命，还可以提高产品的质量，提高生产的效率。生产过程中对挤出机进行维护与保养的方法是：

① 经常保持挤出的清洁和良好的润滑状态，平时做好擦拭和润滑工作，同时保护好周围环境的清洁。

② 经常检查各齿轮箱的润滑油液面高度、冷却水是否畅通以及各转动部分的润滑情况，发现异常情况时，及时自行处理或报告相关负责人员处理（减速箱分配箱应加齿轮油，冷却机箱应加导热油）。

③ 经常检查各种管道过滤网及接头的密封、漏水情况，做好冷却管的防护工作。

④ 加料斗内的原料必须纯洁无杂质，决不允许有金属混入，确保机筒螺杆不受损伤。在加料时，检查斗内是否有磁力架，若没有必须立即放入磁力架，经常检查和清理附着在磁力架上的金属物。

⑤ 机器一般不允许空车运转，以避免螺杆与机筒摩擦划伤或螺杆之间相互咬死。

⑥ 每次生产后立即清理模具和料筒内残余的原料，若机器有段时间不生产，要在螺杆机箱和模具流道部分表面涂防锈油，并在水泵、真空泵内注入防锈剂。

⑦ 如遇电流供应中断，必须将各电位器归零并把驱动和加热停止，电压正常后必须重新加热到设定值经保温后（有的产品必须拆除模具后）方可开机，这样不会使开冷机损坏设备。

⑧ 辅机的水泵、真空泵应定期保养，及时清理水箱（槽）内堵塞的喷嘴以及更换定型箱盖上损坏的密封条。丝杆轴承需定期加油脂润滑，以防生锈。

⑨ 定期放掉气源三连件的积水。

⑩ 及时检查挤出机各紧固件，如加热圈的紧固螺栓、接线端子及机器外部护罩元件等

的锁紧工作。

5.3.28 单螺杆挤出过程中为何有时会出现挤不出物料的现象？应如何解决？

单螺杆挤出机在挤出管材的过程中出现挤不出物料现象的可能原因主要有：

① 可能是机筒、螺杆的温度控制不合理。机筒温度过高，与机筒接触的物料发生熔融，使物料与机筒内壁的摩擦系数达到最小值，而螺杆温度较低，与螺杆接触的物料未发生熔融，与螺杆的摩擦系数较大，而发生附着，造成物料与机筒打滑而不出料，还将造成物料出现过热分解现象。

② 可能是机头前的分流板和过滤网出现堵塞，而使物料向前输送的运动阻力过大，使物料在螺槽中的轴向运动速度大大降低，造成挤不出料的现象。

解决办法主要有：①降低机筒温度；②减小螺杆冷却水的流量，提高冷却水温度；③及时清理分流板和清理或更换过滤网。

5.3.29 单螺杆挤出机在生产过程中发出"叽叽"的噪声，是何原因？

挤出机在生产时发出的噪声主要是螺杆旋转与机筒内壁摩擦时产生的响声。产生的原因主要有：①螺杆装配在机筒内，两零件同心误差大；②机筒端面与机筒连接法兰端面和机筒中心线的垂直度误差大；③螺杆弯曲变形，轴中心线的直线度误差超大；④螺杆与其支撑传动轴的装配间隙过大，旋转工作时两轴心线同轴度误差过大。

5.3.30 单螺杆挤出机在挤出过程中为何有一区段的温度总是上不来？应如何处理？

（1）造成的原因

① 温控表或 PLC 调节失灵。

② 加热器或热电偶损坏。

③ 冷却系统冷却水温偏低。

④ 挤出机的冷却系统的电磁阀卡住或水阀开度太大，造成冷却水流量太大。

⑤ 螺杆剪切作用不够强。

⑥ 主机螺杆转速偏低等。

（2）处理办法

① 检查或更换温控表或 PLC 模块。

② 检查或更换加热器。

③ 检查或更换热电偶。

④ 提高冷却水温。

⑤ 调整螺杆转速。

⑥ 修改温度表或 PLC 调节参数。

⑦ 检查电磁阀线路或线圈。

⑧ 调整螺杆的组合。

5.3.31 在单螺杆挤出过程中为何突然自动停机？如何处理？

（1）突然停机的可能原因

① 冷却风机停转。

② 熔体压力太大，超出挤出机的限定值。

③ 调速器有故障，出现过流、过载、缺相、欠压或过热等。

④ 润滑油泵停止工作。

⑤ 润滑油泵油压过高或过低。

⑥ 与主机系统联锁的辅机故障。

（2）处理办法

① 检查风机，并重新启动风机。

② 检查熔体压力报警设定值是否合适。

③ 清理或更换机头过滤网。

④ 检查机头和主机温度是否过低。

⑤ 检查机头流道是否被堵塞，并清理流道。

⑥ 检查加料量是否过大，物料颗粒是否过大。

⑦ 检查机筒是否有硬质异物。

⑧ 检查螺杆元件、减速箱齿轮或轴承是否损坏。

⑨ 检查润滑油泵及油压。

⑩ 检查与主机系统联锁的辅机是否出现故障。

5.3.32　单螺杆挤出过程中为何会出料不畅？应如何处理？

（1）产生原因　单螺杆挤出过程中出料不畅的可能产生的原因主要有如下几点：

① 挤出某段加热器可能没有正常工作，使物料塑化不良，熔料通过机头时没有塑化好的颗粒卡在机头狭窄的流道内，而堵塞流道。

② 操作温度设定偏低，或塑料的分子量分布宽，造成物料塑化不良。

③ 物料中可能有不容易熔化的金属或杂质等异物。

（2）处理办法

① 检查加热器及加热控制线路，必要时更换。

② 核实各段设定温度，必要时与工艺员协商，提高温度设定值。

③ 清理检查挤压系统及机头。

④ 选择好树脂，去除物料中的杂质等异物。

5.3.33　挤出过程中挤出机主电机轴承温度为何偏高？如何处理？

（1）产生原因

① 挤出机润滑系统出现故障，使轴承润滑不良，产生干摩擦。

② 轴承磨损严重，润滑状态不好。

③ 润滑油型号不对，黏度太低。

④ 螺杆负荷太大，产生过大的扭矩。

（2）处理办法

① 检查挤出机润滑系统是否正常工作。

② 检查润滑油箱的油量是否足够，并加入足够的润滑油。

③ 检查电机轴承是否损坏，必要时进行更换。

④ 检查润滑油型号是否正确，黏度是否合适，必要时更换合适的润滑油。

⑤ 检查挤出的加料及物料的塑化状态是否良好，适当减少加料量或提高挤出温度，改进物料的塑化状态。

5.3.34 挤出过程中挤出料筒温度达到设定值后为何还是不断上升？应如何处理？

（1）产生原因　在挤出生产过程中，若机筒温度达到设定温度后还继续上升，使温度失控的可能原因主要有：

① 挤出机冷却系统没有工作或可能冷却强度不够，冷却水量或风量不够。

② 温控线接触不良或者有问题。

③ 温控仪与热电偶可能不相匹配。

④ 热点偶探头可能没插到位，使温度测量有误。

⑤ 接触器被卡住或损坏。

（2）处理措施

① 检查挤出机冷却系统是否工作正常，调节水量或风量，控制适当的冷却强度。

② 检查温控线接触是否良好或者是否有问题，保持良好的接触或更换新的温控线。

③ 检查温控仪与热电偶是否不相匹配。

④ 检查热点偶探头是否插到位，使温度测量准确。

⑤ 检查接触器是否被卡住或损坏，必要时进行更换。

例如，某企业挤出管材时料筒温度达到设定值后温度还继续上升，且中段最为明显，检查时即使料筒设定为100℃，随着两端正常加温也会达到250℃左右。如果设定为250℃，温度会上升到320℃。经检查后发现是温控线表面绝缘层破损，温控线与料筒表面有接触，使温度测量有误而造成，更换温控线后，即恢复正常。

5.3.35 单螺杆挤出机主电机转动，但螺杆不转动，是何原因？应如何处理？

（1）产生原因

① 传动带松了，打滑。

② 安全销由于过载而剪断。

（2）处理办法

① 调整两个带轮的中心距使传动带张紧。

② 检查安全销。

5.3.36 单螺杆挤出机主机电流为何不稳定？应如何处理？

（1）产生原因

① 某段加热器不工作，使螺杆承受的扭矩不稳定。

② 主电机的轴承润滑不好或损坏，振动无穷大。

（2）处理办法

① 检查各段加热器的接线并确认是否损坏，修复或更换加热器。

② 检查主电机轴承，添加润滑剂或更换轴承。

第**6**章

高效连续共混改性设备操作与疑难处理实例解答

6.1 高效连续炼机操作与疑难处理实例解答

6.1.1 何谓塑料共混改性？塑料共混改性有哪些类型？

（1）塑料共混改性 所谓塑料共混改性是指以一种塑料为基体，掺混另一种或多种小组分的塑料或其他类型的材料，通过混合与混炼，形成一种新的表观均匀的复合体系，使其性能发生变化，以改善基体塑料的某些性能。塑料的共混不仅是塑料改性的一种重要手段，更是开发具有崭新性能新型材料的重要途径。

（2）塑料共混改性的类型 塑料共混体系主要有塑料与塑料的共混、塑料与橡胶的共混等两种类型。一般来说，塑料共混物各组分之间主要靠分子次价力结合，即物理结合，而不同共聚物是不同单体组分以化学键的形式联结在分子链中，但在高分子共混物中不可避免地也存在着少量的化学键。例如，在强剪切力作用下的熔融混炼过程中，可能由于剪切作用使得大分子断裂，产生大分子自由基，从而形成少量嵌段或接枝共聚物。此外，近年来为强化参与共混聚合物组分之间的界面粘接而采用的反应增容措施，也必然在组分之间引入化学键。

6.1.2 塑料共混改性的目的有哪些？

塑料共混改性的主要目的是改善塑料的某些性能，以获得综合性能优异的塑料材料。由于塑料材料品种很多，不同塑料品种其性能差异很大。另外，塑料的不同用途、不同的应用环境等对塑料的性能要求也不一样，因此对不同的塑料、不同的用途、不同的应用环境的塑料改性的目的有所不同。

6.1.3 塑料共混改性的方法有哪些？

塑料共混改性的方法主要有物理方法和化学方法两种。物理法应用最早，工艺操作方便，比较经济，对大多数塑料品种都适用，至今仍占重要地位。化学法制备的塑料共混物性能较为优越，近几年发展较为迅速。

(1) 物理共混法　物理共混法是依靠塑料之间或塑料与橡胶分子链之间的物理作用实现共混的方法，按共混方式可分为机械共混法（包括干粉共混法和熔融共混法）、溶液共混法（共溶剂法）和乳液共混法。

① 机械共混法

机械共混法是将不同种类的塑料或塑料与橡胶通过混合或混炼设备进行机械混合便可制得塑料共混物。根据混合或混炼设备和共混操作条件的不同，可将机械共混分为干粉共混和熔融共混两种。

干粉共混法是将两种或两种以上不同品种塑料粉末在球磨机、螺带式混合机、高速混合机、捏合机等非熔融的通用混合设备中加以混合，混合后的共混物仍为粉料。

熔融共混法是将塑料各组分在软化或熔融流动状态（即黏流温度以上）下用各种混炼设备加以混合，获得混合分散均匀的共混物熔体，经冷却，粉碎或粒化的方法。熔融共混法是一种最常采用、应用最广泛的共混方法。其工艺过程如图 6-1 所示。

图 6-1　熔融共混过程

② 溶液共混法（共溶剂法）　溶液共混法是将共混塑料各组分溶于共溶剂中，搅拌混合均匀或将塑料各组分分别溶解再混合均匀，然后加热驱除溶剂即可制得塑料共混物。

③ 乳液共混法　乳液共混法是将不同塑料分别制成乳液，再将其混合搅拌均匀后，加入凝聚剂使各种塑料共沉析制得塑料共混物。此法因受原料形态的限制，且共混效果也不理想，故主要适用于塑料乳液。

(2) 化学共混法　化学共混法是指在共混过程中塑料之间或塑料与橡胶之间产生一定的化学键，并通过化学键将不同组分的塑料联结成一体以实现共混的方法，它包括共聚-共混法、反应-共混法、IPN 法形成互穿网络聚合物共混物和分子复合技术等。

6.1.4　塑料共混改性常用的混炼设备有哪些？连续混炼机有何特点？

(1) 共混改性常用的混炼设备　塑料共混改性常用的混炼设备主要有间歇式和连续式两种类型。开炼机和密炼机是塑料共混改性常用的间歇式混炼设备，而单螺杆挤出机、双螺杆挤出机和连续混炼机是连续式混炼设备。开炼机共混操作直观，工艺条件易于调整，对各种物料适应性强。密炼机能在较短的时间内给予物料以大量的剪切能，混合效果、劳动条件、防止物料氧化等方面都比较好。但间歇式生产会带来批次之间物料的质量差异，同时给生产线连续化带来一定困难。

(2) 连续混炼机的特点　单螺杆挤出机熔融共混具有操作连续、密闭、混炼效果较好、对物料适应性强等优点。用单螺杆挤出机共混时，其各组分必须经过初混。单螺杆挤出机的关键部件是螺杆，为了提高混合效果，可采用各种新型螺杆和混炼元件，如屏障型螺杆、销钉型螺杆、波型螺杆等，或在挤出机料筒与口模之间安置静态混合器等。

采用双螺杆挤出机可以直接加入粉料，具有混炼塑化效果好，物料在料筒内停留时间分布窄，仅为单螺杆挤出机的 1/5 左右，生产能力高等优点，是目前在熔融共混和成型加工中应用越来越广泛的设备。

连续混炼机的自动化程度较高，能够充分利用混炼能力，提高生产率，并有利于生产能力和制品质量的提高，同时省去了上、下辅机，从而简化了生产设备，降低了设备投资。同时混炼时还具有以下几方面的特点：①能量消耗稳定，没有大的峰值，节能；②根据某些参数（温度、功率等）要求，使混炼达到稳定状态；③连续运行，需要的操作人员少，安装费低；④连续小批量排胶所产生的热历程比分批式混炼所产生热历程均匀；⑤预混合配合剂均匀且生产状态稳定。但连续混炼机不能加工流动性差的材料，且需要采用先进的称量及计量设备；不易手动操作，主要适于自动控制；短期生产成本较高；排料温度比分批混炼高。

6.1.5 密炼挤出组合式连续混炼机结构如何？有何特点？

（1）密炼挤出组合式连续混炼机结构　密炼挤出组合式连续混炼机在结构上既具有密炼机转子又有挤出机螺杆，是密炼机与挤出机的组合体。该连续混炼机主要由一对圆筒形转子和一根螺杆组成，如图 6-2 所示。螺杆代替了原密炼机中的卸料门。螺杆上的隔胶块将螺杆分为两段，前段起输送物料进入转子和预混合的作用，后段起输送混炼好的物料到机头及补充混炼的作用。物料由一端的加料口加入，由螺杆输送到混炼室中，物料在混炼室两转子间混炼一段时间后送入螺杆后段，然后经机头挤出。为增强混炼效果，延长胶料在混炼室的停留时间，螺杆既可沿轴向往复移动，也可正反向回转。这种连续混炼机适合流动性较好的物料或颗粒状物料的混炼挤出。

（2）密炼挤出组合式连续混炼机特点　密炼挤出组合式连续混炼机通过特殊结构的转子和控制转子的转速，以确保原料混合的分布性和分散性。物料的混炼可通过调节转子的转速、混炼机的工作容量、物料的熔融条件以及停留时间进行控制。混炼机的转子的尖部到混炼室壁有较大的间隙，以确保转子与混炼室壁的磨损最小化。进料口很大，便于高填充材料的投料。带有触摸屏的PLC控制系统，操作简单。模块化设计，使用、维护方便。

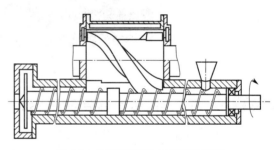

图 6-2　连续混炼机主要结构组成

加长型连续混炼机的主体包括进料开口、加热的排料门、密炼室和长径比为 10∶1 的长转子。第一阶段为初级混炼，对聚合物和所有其他组分进行干混，对干混进行预加热。第二阶段通过混炼转子和密炼室壁之间的高强度剪切使得预聚体熔融，并且使其与其他组分进行分散混炼和分布性混炼，使原料均匀混炼。

6.1.6 FCM 型连续密炼机结构组成如何？工作原理怎样？

（1）FCM 型连续密炼机结构　与喂料挤出机组合，代替密炼机和开炼机为压延机供料，显著地节省了厂房面积和劳动力，且供料均匀。其结构主要由机体、转子、减速器、加料口、卸料口及调节开度的液压缸等部分组成，如图 6-3 所示。

（2）FCM 型连续密炼机工作原理　在连续密炼机体内有两个平行相切的转子，向内做相向旋转，如图 6-4 所示。转子工作部分由喂料段、混炼段和出料段组成。物料自加料口进入喂料段，由喂料段输送到混炼段。混炼段的转子结构和工作原理同普通密炼机相似，物料在这里受到转子与密炼室壁间的强力剪切、转子与转子间的捏合以及转子的轴向搅拌作用，达到良好的混炼效果。通过调节加料速度、转子转速、排料口开度的大小和机筒温度，可控制物料在混炼段内的停留时间与塑化程度。

因此，该连续密炼机具有较大的灵活性，混炼性能好，特别适合于高填充物料的混合混炼，且可根据物料性质，选择最适宜的混炼工艺条件，获得最好的塑化质量和相应的产量。连续密炼机的主要缺陷是没有自洁性，所以当更换物料时，需要将机筒移出，以便清理机筒和转子。

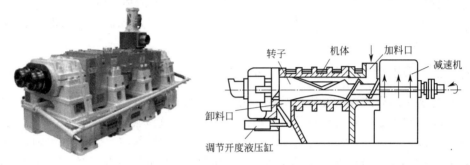

图 6-3　FCM 型连续密炼机结构

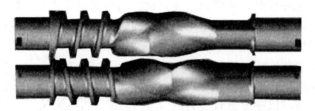

图 6-4　FCM 型连续密炼机转子

6.1.7 双轴型连续密炼机结构组成如何？工作原理怎样？

（1）双轴型连续密炼机结构组成　双轴型连续密炼机主要由前混炼段、后混炼段和连接段等三个功能段组成，进料口通常设置在前混炼段的最前端，以便使物料能够得到充分的混炼。前混炼段的最末端有出料口，通过连接部分和后混炼段进行连接，如图 6-5 所示。

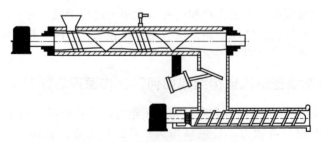

图 6-5　双轴型连续密炼机结构

（2）双轴型连续密炼机工作原理　双轴型连续密炼机工作时，物料从前混炼段的进料口加入，物料在前混炼段受到转子与混炼室壁间的强力剪切、转子与转子间的捏合以及转子的轴向搅拌作用，得到混炼。在前混炼段的最末端有出料口，通过连接部分和后混炼段进行连接。后混炼段是一个完整的螺旋结构，类似于螺杆式挤出机，物料进入后混炼段后，在螺杆旋转时的挤压搅拌作用下，受到良好的剪切、搅拌、混炼的作用，从而达到良好的混炼效果。后混炼段也可根据不同的工艺要求，配置不同的混炼节，可灵活地实现不同的混炼目的。

6.1.8　LCM 型连续密炼机结构如何？有何特点？

（1）LCM 型连续密炼机结构　LCM 型连续密炼机结构如图 6-6 所示，主要由机筒、转子、密封装置和卸料装置等组成，机筒具有冷却水孔，表面有电加热片，以便实时控制混炼温度。LCM 的混炼腔相互贯通，横截面形状为"∞"型。物料在混炼腔中受到剪切、挤压、捏合和混合作用。转子的加料段是非啮合的，类似于挤出机的两根螺杆，物料从加料口进入后，在加料段螺纹的输送下，到达转子混炼段。混炼段的转子表面由两对旋向相反、导程不同的螺纹组成。由加料段输送而来的物料在混炼段熔融、混合及塑化。物料在混炼腔中的停留时间可通过调节卸料装置的卸料门的开启度来加以控制。

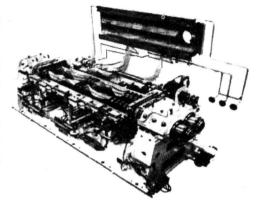

图 6-6　LCM 型连续密炼机结构

（2）LCM 型连续密炼机的特点　LCM 型连续密炼机由于转子具有较大的长径比，因而物料有较长的停留时间，有利于以较低的回转速度进行混合；具有很强的分散和掺混能力；物料温度易于控制；有利于除去物料中的湿气和挥发分，能耗较低。

操作简单，LCM 型连续密炼机工作时，可通过该混炼机的加料量、混炼温度、转子转速和卸料口开启度等参数，达到控制物料在混炼机中的停留时间和混炼效果的目的。

LCM 型连续密炼机结构简单，省去了密炼机中复杂的加料和卸料装置，适用性强，可适用填充与非填充塑料、热塑性与热固性塑料、色母料等多种物料的混炼。

6.2　双螺杆挤出机操作与疑难处理实例解答

6.2.1　双螺杆挤出机有哪些类型？结构如何？

（1）双螺杆挤出机类型　双螺杆挤出机的类型有很多，其分类方法也有多种：根据两螺杆相对的位置分为非啮合型（如图 6-7 所示）和啮合型。啮合型根据啮合程度又分为全啮合型（紧密啮合型）和部分啮合型（不完全啮合型）。全啮合是指一根螺杆的螺棱顶部与另一根螺杆的螺槽根部之间不留任何间隙，如图 6-8 所示。部分啮合是指一根螺杆的螺棱顶部与另一根螺杆的螺槽根部之间留有间隙，如图 6-9 所示。

图 6-7　非啮合型

根据相对旋转方向分类分为同向旋转型和异向旋转型。同向旋转型的双螺杆旋转方向一致，因此两根螺杆的几何形状、螺棱旋向完全相同，如图 6-10(a) 所示。异向旋转型的两根螺杆的几何形状对称，螺棱旋向完全相反。异向旋转双螺杆又分为向外异向旋转和向内异向旋转，如图 6-10（b）和（c）所示。

  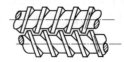 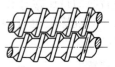

图 6-8　全啮合型　　　　　　　　　　图 6-9　部分啮合型

(a)同向旋转　　　　(b)向外异向旋转　　　　(c)向内异向旋转

图 6-10　双螺杆旋转方式

　　根据双螺杆轴线的相对位置可分为锥形双螺杆和平行双螺杆。锥形双螺杆的螺纹分布在圆锥面上，螺杆头端直径较小。两根螺杆安装好后，其轴线呈相交状态，如图 6-11 所示。在一般情况下，锥形双螺杆属于啮合向外异向旋转型双螺杆。

图 6-11　锥形双螺杆

　　平行双螺杆又分为共轭螺杆和非共轭螺杆。共轭螺杆是两螺杆全啮合，而且其中一根螺杆的螺棱与另一根螺杆的螺槽具有完全相同的几何形状和尺寸，且两者能紧密地配合在一起，只有很小的制造和装配间隙时，称之为共轭螺杆。两根螺杆的螺棱与螺槽间存在较大的配合间隙时称为非共轭螺杆。

　　（2）双螺杆挤出机的结构　　双螺杆挤出机主要由挤压系统、传动系统、加热冷却系统、排气系统、加料系统和电气控制系统等组成，各组成部分的职能与单螺杆挤出机相同。双螺杆挤出机的两根螺杆并排安放在一个"8"形截面的料筒中，如图 6-12 所示。

图 6-12　双螺杆挤出机螺杆与料筒

　　双螺杆挤出机的加料系统，一般有螺杆式加料和定量加料两种。而定量加料装置应用较多。定量加料装置由直流电机、减速箱及送料螺杆组成，当改变双螺杆速度时，进料速度能在仪器上显示出来并可以跟踪调节，以保证供料与挤出量的平衡。

6.2.2　双螺杆挤出机为何对物料有良好的输送作用？

　　对于反向旋转啮合的双螺杆挤出机，其两根螺杆相互啮合时，一根螺杆的螺棱嵌入另一根螺杆的螺槽中，使一根螺杆中原本连续的螺槽被另一根螺杆的螺棱隔离为一系列 C 形小室。螺杆旋转，两根螺杆之间形成的 C 形小室沿轴向前移，螺杆转一圈，C 形小室就向前移动一个导程。全啮合反向旋转双螺杆的 C 形小室是完全封闭的，小室中的物料就被向前推动一个导程的距离。因此，输送中不会产生滞留和漏流，而是具有正位移的强制输送物料的作用。

对于啮合同向回转的双螺杆挤出机，各螺纹与料筒壁组成封闭的C形小室，物料在小室中按螺旋线运动，但是由于在啮合处两根螺杆圆周上各点的运动方向相反，而且啮合间隙非常小，物料不能从上部到下部，这样就迫使物料从一根螺杆与料筒壁形成的小室转移到另一根螺杆与料筒壁形成的小室，从而形成"8"形的运动。这种同向啮合的双螺杆，一根螺杆的外径与另外一根螺杆的根径的间隙一般很小，因此，对物料有很强的自洁作用。

由于双螺杆挤出机对物料是正位移输送，因此其加料性能好，不论螺槽是否填满，其输送速度基本保持不变，不易产生局部积料，能适于各种形状物料的挤出，如粉料、粒料、带状料、糊状料、纤维、无机填料等。

6.2.3　双螺杆挤出机对物料为何有较强的混合作用？

双螺杆的混合作用是通过同时旋转的两根螺杆在啮合区内的物料存在速度差，以及改变料流方向等两方面的作用而实现的。

（1）速度差　对于反向旋转的双螺杆，在啮合点处一根螺杆的螺棱与另一根螺杆的螺槽的速度方向相同，但存在速度差，所以啮合区内的物料受到螺棱与螺槽间的剪切，而使物料得到混合与混炼。

对于同向旋转的双螺杆，因一根螺杆的螺棱与另一根螺杆的螺槽在啮合点速度方向相反，其相对速度就比反向旋转的要大，物料在啮合区受到的剪切力也大，故其混炼效果比反向旋转双螺杆好。

（2）改变料流方向　双螺杆挤出机两根螺杆的旋转运动会使物料的流动方向改变。对于同向旋转的双螺杆，因在啮合方向速度相反，一根螺杆的运动将物料拉入啮合间隙，而另一根螺杆却将物料带出，这使部分物料呈"8"字形运动，即改变了料流方向，促进物料的混合与均化。

对于反向旋转的双螺杆，当部分料流经过啮合区后，部分物料包覆高速辊，即原螺槽中的物料转移到了螺棱方面，因而料流方向也有所改变。

但对于封闭型双螺杆，在C形小室中的物料得不到混合。因此，通常开放型双螺杆的混合混炼效果要好些，但是挤出流率和机头压力会有部分损失。

另外，为强化混炼效果，有些双螺杆上设置了多种混合剪切元件，以使物料获得纵、横向的多种剪切混合。

6.2.4　双螺杆挤出机的主要用途是什么？应如何选用？

（1）双螺杆挤出机的用途　双螺杆挤出机的成型加工主要用于生产管材、板材及异形材。其成型加工的产量是单螺杆挤出机的两倍以上，而单位产量制品的能耗比单螺杆挤出机低30%左右。因双螺杆输送能力强，可直接加入粉料而省去造粒工序，使制件成本降低20%左右。

双螺杆挤出机可用于配料、混料工序（以下简称配混）。因双螺杆挤出机可一次完成着色、排气、均化、干燥、填充等工艺过程，所以常用其给压延机、造粒机等设备供料。目前，配混双螺杆挤出机逐渐代替了捏合机-塑炼机系统。

双螺杆挤出机也可用于塑料填充、改性及色母料。用单螺杆挤出机难以实现在塑料中混入高填充量的玻璃纤维、石墨粉、碳酸钙等无机填料，用双螺杆挤出机更容易实现。

双螺杆挤出机还可用于反应挤出加工，与一般间歇式或连续式反应器相比，其熔融物料的分散层更薄，熔体表面积也更大，从而更有利于化学反应的物质传递及热交换。双螺杆挤出可使物料在输送中迅速而准确地完成预定的化学变化。在大搅拌反应器中不易制备的改性聚合物也能在双螺杆反应挤出机中完成。利用双螺杆挤出机进行反应加工，还具有容积小、可连续加工、设备费用低、不用溶剂、节能、低公害、对原料及制品都有较大的选择余地、操作简便等特点。

（2）双螺杆挤出机的选用　啮合同向旋转双螺杆挤出机具有分布混合及分散混合良好、自洁作用较强、可实现高速运转、产量高等特点，但输送效率较低，压力建立能力较低。因此，它主要用于聚合物的改性，如共混、填料、增强及反应挤出等操作，而一般不用于挤出制品。

啮合异向双螺杆挤出机是双螺杆挤出机的另一大类，它包括平行和锥形两种，平行的又有低速运转型和高速运转型。

平行异向啮合双螺杆挤出机的正位移输送能力比同向双螺杆强很多，压力建立能力较高，因而多用来直接挤出制品，主要用来加工 RPVC，造粒或挤出型材。但由于存在压延效应，在啮合区物料对螺杆有分离作用，使螺杆产生变形，导致料筒内壁磨损，而且随螺杆转速升高而增强，所以此种挤出机只能在低速下工作，一般螺杆的转速在 $10 \sim 50r/min$。

对于异向平行非共轭的双螺杆挤出机，其压延间隙及侧隙都比较大。当其高速运转时，物料若有足够的通过啮合区的次数，会加强分散混合及分布混合的效果，且熔融效率也比同向旋转双螺杆高。这种双螺杆挤出机主要用于混合、制备高填充物料、高分子合金、反应挤出等，其工作转速可达 $200 \sim 300r/min$。

对于锥形双螺杆挤出机，若啮合区螺槽纵横向都为封闭，则正位移输送能力及压力建立能力皆很强。因此主要用于加工 RPVC 制品，如管、板以及异型材的加工；锥形双螺杆挤出机径向间隙及侧向间隙都较大时，正位移输送能力会降低，但会加大混合作用，因此一般只用于混合造粒。

对于非啮合向内异向旋转的双螺杆挤出机，物料对金属的摩擦系数和黏性力是控制输送量的主要因素。其指数性的混合速率强于线性混合速率的单螺杆挤出机，具有较好的分布混合能力、加料能力、脱挥发分能力，但分散混合能力有限，建立压力能力较低。所以，这类挤出机主要用于物料的混合，如共混、填充和纤维增强改性及反应挤出等。

6.2.5 双螺杆挤出机主要有哪些性能参数？

双螺杆挤出机性能参数主要有螺杆公称直径、螺杆长径比、螺杆的旋转方向、螺杆的转速范围、双螺杆中心距等。

（1）螺杆公称直径　螺杆公称直径是指螺杆的外径，对于平行双螺杆，其螺杆外径大小不变，而锥形双螺杆挤出机螺杆直径有大端直径和小端直径之分，在表示锥形双螺杆挤出机规格大小时，一般用小端直径（螺杆头部）表示。一般双螺杆的直径越大，表示挤出机的加工能力越大。因两螺杆驱动齿轮的限制，双螺杆直径不能取得太小，一般生产用螺杆直径不小于 $45mm$，但实验用可小至 $25mm$，最大的螺杆直径为 $400mm$。螺杆直径增加，产量也相应增加。我国生产的异向旋转的挤出机螺杆直径一般在 $65 \sim 140mm$。

（2）螺杆长径比　螺杆长径比是指螺杆的有效长度与外径之比。由于锥形双螺杆挤出机的螺杆直径是变化的，其长径比 L/D 是指螺杆的有效长度与其大端和小端的平均直径之比。而对于组合式双螺杆挤出机来说，其螺杆长径比也是可以变化的，通常产品样本上的长径比应当为最大可能的长径比。一般来说，螺杆长径比增加，有利于物料的混合和塑化。因双螺杆加料、塑化、混合和输送能力比单螺杆强，而且，其所受的扭矩比单螺杆大，所以一般其长径比 L/D 比单螺杆小，一般 L/D 在 $8\sim18$，但目前的长径比取值范围已扩大，目前我国常用异向平行双螺杆挤出机的最大长径比 L/D 为 26，同向平行双螺杆挤出机的长径比 L/D 已达 48，但一般小于 32。

（3）螺杆的旋转方向　螺杆的旋转方向有同向和异向两种，两螺杆的相对转向关系不同，对物料的加工性能也不同。一般要根据对物料的加工要求来确定两螺杆的转向关系。同向旋转的双螺杆的两根螺杆几何形状可以完全一样，而反向旋转双螺杆的几何形状是对称的。一般同向旋转多用于混料，而异向旋转多用于挤出成型制品。

（4）螺杆的转速范围　螺杆的转速范围是指螺杆允许的最低转速和最高转速之间的范围。双螺杆挤出机两螺杆的旋向关系不同，对转速的限制要求也不同。由于反向旋转双螺杆具有"压延效应"，且会随螺杆转速的增加而加剧，因此反向旋转的双螺杆一般转速比较低，通常限制在 $8\sim50r/min$。同向旋转的双螺杆挤出机因"压延效应"作用小，其转速可以较高，最高可达 $300r/min$。

（5）双螺杆中心距　双螺杆中心距是指平行布置的两螺杆的中心距。双螺杆中心距取决于螺杆直径、螺纹头数和对间隙的要求。单头双螺杆中心距可取为 $(0.7\sim1)D$；双头螺纹的双螺杆中心距为 $(0.77\sim1)D$；三头螺纹的双螺杆中心距通常为 $(0.87\sim1)D$。

另外，双螺杆挤出机也与单螺杆挤出机一样，还有表征能耗大小及生产能力大小的参数，如螺杆的驱动功率、加热功率、比功率、比流量和产量等。

6.2.6　双螺杆结构如何？有哪些类型？

双螺杆结构一般分为 6 个功能区段：加料段、熔融段、熔融段（塑化段）、排气段、混合段和计量段（挤出段），如图 6-13 所示。根据加工工艺的需要也可设置为 4 段或 5 段。

图 6-13　双螺杆的结构

双螺杆结构类型较多，通常按螺杆的整体结构来分可分为整体式和组合式两种类型。整体式螺杆由整根材料做成，锥形双螺杆挤出机和中小直径的平行异向双螺杆挤出机多采用整体式螺杆。组合式螺杆也称为积木式螺杆，它是由多个单独的功能结构元件通过芯轴串接而成的组合体，如图 6-14 所示。串接芯轴有圆柱形芯轴、六方形芯轴、花键芯轴三种类型，

图 6-14　组合式螺杆

其中花键芯轴用得最多。组合式双螺杆可根据不同用途、不同的加工对象及加工要求，选用不同的基本元件组成不同职能段螺杆，一杆多用，经济、方便。一般平行同向双螺杆多采用组合式。

6.2.7 组合双螺杆的元件有哪些类型？各有何功能特点？

（1）组合双螺杆的元件类型　组合双螺杆的元件的类型有很多，形状各异，一般按其功能可分为输送元件、剪切元件、混合元件等。结构形状有螺棱元件、捏合盘、齿形元件、销钉段、反螺纹段、大螺距螺棱元件、六棱柱元件、剪切环等。

（2）输送元件功能特点　输送元件的主要功能是输送物料，一般为螺棱元件。按螺棱头数螺棱元件可分为单头、双头和三头螺棱元件。

单头螺棱元件的结构如图 6-15(a) 所示，它具有高的固体输送能力，多用于加料段，以改进挤出量所受加料量的限制以及用于输送那些流动性差的物料。由于螺棱宽，对机筒内壁接触面积大，磨损大，且对物料的加热不均匀。双头螺棱元件结构如图 6-15(b) 所示，剪切作用较柔和，平均剪切热较低；可承受较大的驱动功率，生产效率高，比能耗低。常用于粉料的输送及加工对剪切和温度敏感的物料。三头螺棱元件结构如图 6-15(c) 所示，平均剪切速率和剪应力高，螺槽浅，料层薄，热传递性能好，有利于物料熔融塑化。主要用于需要高强度剪切物料的加工，而不宜于对剪切敏感或玻璃纤维增强物料的加工。

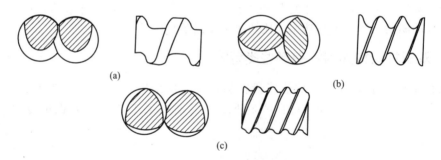

图 6-15　不同头数的螺棱元件

剪切元件主要是指常用的捏合盘元件。由于它能提供高强度的剪切，产生良好的分布混合和分散混合，所以称之为剪切元件。捏合盘不能单个使用，而是在两根螺杆间成对和成串使用。一般把多个捏合盘串接在一起所形成的结构称为捏合块。捏合盘在制造安装时，把相邻捏合盘之间沿周向错开一定的角度（圆心角），它可使相邻捏合盘之间有物料交换；可使成串的捏合盘形成螺棱元件似的"螺旋角"，沿捏合块的轴线方向有物料的输送。

捏合盘有单头、双头和三头等类型，依次也称为偏心、菱形和曲边三角形捏合盘，如图 6-16 所示。它们分别与相同头数的螺棱元件对应使用。单头捏合盘由于其凸起顶部与机筒内壁接触面积大，功耗和磨损大，较少应用。双头捏合盘与机筒内壁形成的月牙形空间大，输送能力大，产生的剪切不十分强烈，故适于对剪切敏感的物料及玻璃纤维增强塑料，在啮合同向双螺杆挤出机中得到广泛应用。三头捏合盘与机筒内壁形成的月牙形空间小，故对物料的剪切强烈，但输送能力比双头捏合盘低，可用于需要高强度剪切才能混合好的物料。

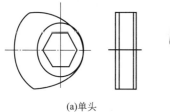

(a)单头　　　　　　(b)双头

图 6-16　捏合盘

图 6-17　齿形混炼元件

混合元件有齿形元件、销钉段、反螺纹段等多种类型，其主要作用是搅乱料流，使物料均化等。齿形元件一般成组使用，但不啮合，而是沿两根螺杆轴线方向交替布置齿盘，如图6-17所示。

大螺距螺棱元件结构如图 6-18 所示，它能使大部分物料经受恒定的可控剪切和建立恒定的压力，物料的温升较低。

六棱柱元件的结构如图 6-19 所示，它能提供恒速移动的啮合区，产生挤压、有周期性的流型，能连续地将料流劈开，有利于物料的熔融和混合。

剪切环元件结构如图 6-20 所示，一个环的外径与一个环的根径间、环的外径与机筒内壁的间隙中会产生对物料的剪切，无输送能力。

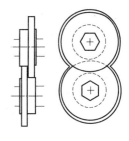

图 6-18　大螺距螺棱元件　　　　　图 6-19　六棱柱元件　　　　　图 6-20　剪切环元件

6.2.8　双螺杆挤出机的传动系统有何特点？主要组成结构如何？

（1）传动系统的特点　双螺杆挤出机工作时，要求传动系统能实现规定的螺杆转速与范围、螺杆旋转方向、扭矩均匀分配。能降低传动齿轮的径向载荷，传递较大的扭矩（功率）和轴向力，消除螺杆的径向力，防止螺杆的弯曲。轴承的使用寿命长。

由于双螺杆挤出机螺杆要承受很大扭矩和轴向力，且两根螺杆的径向尺寸有限，因此使双螺杆挤出机传动系统中的推力轴承组件、两根螺杆的扭矩传递、配比齿轮减速装置等布置困难。

（2）主要组成结构　双螺杆挤出机的传动系统主要由驱动电机（含联轴器）、齿轮箱、止推轴承等组成。

常用的驱动电机主要有直流电机、交流变频调速电机、滑差电机、整流子电机等，其中以直流电机和交流变频调速电机用得最多。直流电机可实现无机调速，且调速范围宽，启动平稳。变频调速电机性能稳定，调速性能好。

双螺杆挤出机的齿轮箱由减速和扭矩分配两大部分组成。其结构布置主要有分离式和整体式两种形式。整体式齿轮箱的减速部分和扭矩分配部分在一起，结构紧凑，应用较为普遍。分离式齿轮箱的减速部分和扭矩分配部分是分开的。对于锥形双螺杆挤出机的传动布置，目前国内外大多采用这种分离式结构，如图 6-21 所示。

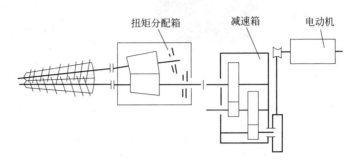

图 6-21 锥形双螺杆挤出机的传动系统

传动系统中止推轴承的作用是承受螺杆的轴向推力作用。双螺杆挤出机中传动系统由于受到两螺杆中心距的限制，因此在选择止推轴承时不宜采用大直径的止推轴承，而小直径的止推轴承能承受的轴向力小，故一般将同规格的几个小直径的止推轴承串联起来组成止推轴承组，由几个轴承一起承受轴向力。常用的止推轴承有油膜止推轴承、以碟型簧作为弹性元件的滚子止推轴承组和以圆柱套筒作为弹性元件的止推轴承组等三种类型。

通常止推轴承组布置可为相邻（并列）排列、相错排列。止推轴承组相邻排列时，由于两根轴上的轴承组相邻，其外径只能小于两轴间距离，所选轴承外径最小，故承载能力最小。止推轴承组相错排列布置时，由于两轴承组沿轴向错开，因而一根轴上的轴承外径可选择得大些，只要不与另一根轴相接触即可，故可承受较大的轴向载荷。而锥形双螺杆挤出机的轴承系统即为两个大直径止推轴承的错列布置形式，由于两螺杆驱动端空间较大，故安装两个直径较大的轴承能承受大的轴向力。另外，有些双螺杆挤出机也有采用一根轴上装止推轴承组，另一根轴上装一个大直径止推轴承的方式。大止推轴承的直径不受两轴中心距限制。

6.2.9 双螺杆挤出机的温度控制系统有何特点？

双螺杆挤出机温度控制主要是指机筒和螺杆的温度。因此，其温度主要分为机筒温度控制和螺杆温度控制两大部分。

（1）机筒温度控制系统 双螺杆挤出机机筒的温度控制通常同时设有加热装置和冷却装置。

机筒的加热方式一般有电加热和载体加热。电加热方法又可分为有电阻加热和电感应加热。电阻加热结构紧凑，成本较低，其效率及寿命在很大程度上取决于整个接触面上电热器与机筒间的接触是否良好，接触不好，会引起局部过热，并导致电热器寿命过短。电感应加热器加热均匀，机筒内的温度梯度小，且功率输入变化中的时间滞后较小，不会发生接触不良引起的过热现象，热损失少，故功率消耗低，但其发热效率较低，而且成本较高。载体加热主要是采用油作为载体进行加热。其优点是温度升降柔和稳定，但多了一套油加热装置及循环系统。一般多用于啮合型异向双螺杆挤出机。

机筒的冷却方法有强制空气冷却、水冷却及蒸汽冷却。空气冷却是在挤出机料筒下安装鼓风机形成强制空气冷却。空气冷却热传递速率较小，容易控制。要求强力冷却时，空气冷却则不适宜。一般用于中小型，且机筒外形是圆形的双螺杆挤出机。水冷却是在机筒壁开设通道，如螺旋沟槽，再绕上铜管，通水或油，作封闭循环流动，通过换热器将热量带走，进行冷却。采用水作为冷却介质时，必须是软化水，与空气冷却相比，水冷对温度控制系统要求更高。啮合同向双螺杆挤出机，大多数情况下机筒元件是扁方形的，一般都采用水冷。水和油冷效率高，但有一套循环系统，使成本增加。蒸汽冷却系统是在机筒的加热器外部设有一环绕夹套，环绕夹套内通入介质，介质的蒸发潜热被环绕远离料筒的冷凝室的水冷系统所摄取，将热量带走，机料筒冷却。这种形式的蒸汽冷却操作特性平稳且温度控制良好。

（2）螺杆温度控制系统　对于挤出量较小的双螺杆挤出机和锥形双螺杆挤出机，螺杆的温度控制一般采用密闭循环系统，其温度控制系统是在螺杆内孔中密封冷却介质，利用介质的蒸发与冷凝进行温度控制。螺杆芯部开有很长的孔，装灌进去某种液体介质，其体积约为芯部孔体积的1/3，然后封死。当挤出机工作时，当熔融的物料接近或到达螺杆末端时，温度最高，可能超过设定温度，必须将多余的热量导走，否则会引起物料过热分解。这时螺杆将高温传给螺杆芯部封装的液体介质，液体介质气化，吸收热量，使物料温度降低到分解温度以下。气化的液体介质沿着螺杆芯部的孔向加料端移动，与加料端的物料进行热量交换，使物料温度升高，气化介质冷凝成液体。冷凝的液体介质又向螺杆端部方向移动，再一次循环气化。

对于大多数双螺杆挤出机，螺杆的温度控制多采用强制循环温控系统，如图6-22所示，它由一系列管道、阀、泵组成，其结构复杂，温控效果好，温度稳定。

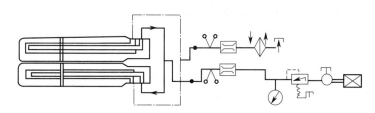

图6-22　双螺杆强制循环温控系统

6.2.10　双螺杆挤出机的操作步骤如何？操作过程中应注意哪些问题？

（1）双螺杆挤出机操作步骤

① 开机前应先检查电器配线是否准确，有无松动现象。检查各热电偶、熔体传感器等检测元件是否良好。检查所有润滑点，并对所有需连接的润滑点再次清洁。启动润滑油泵，检查各润滑油路润滑是否均匀稳定。检查所有进出水管、油管、真空管路是否畅通、无泄漏，各控制阀门是否调节灵便。检查整个机组地脚螺栓是否旋紧。确认主机螺杆、料筒组合构型是否适合于将要进行挤出的材料配方。若不适合，则应重新组合调整。检查主机冷却系统是否正常，有无异样。使用前须将料筒各段冷却管路阀门旋紧关闭。

② 安装机头。安装机头时，先擦除机头表面的防锈油等，仔细检查型腔表面是否有碰伤、划痕、锈斑，进行必要的抛光，然后在流道表面涂上一层硅油。按顺序将机头各部件装配在一起，螺栓的螺纹处涂以高温油脂，然后拧上螺栓和法兰。再将分流板安放在机头法兰之间，以保证压紧分流板而不溢料。上紧机头螺栓，拧紧机头紧固螺栓，安装加热圈和热电偶，注意加热圈要与机头外表面贴紧。

③ 通电将主机预热升温，按工艺要求设定各段温度。当各段温度达到设定值后，继续保温 30min，以便加热螺杆，同时进一步确认各段温控仪表和电磁阀（或冷却风机）工作是否正常。

④ 按螺杆正常转向用手盘动电机联轴器，螺杆至少转动三转以上，观察两根螺杆与料筒之间及两根螺杆之间在转动数圈过程中有无异常响声和摩擦。若有异常，应抽出螺杆重新组合后装入。检查主机和喂料电机的旋转方向，面对主机出料机头，如果螺杆元件是右旋，则螺杆为顺时针方向旋转。

⑤ 清理储料仓及料斗。确认无杂质异物后，将物料加满储料仓，启动自动上料机。料斗中物料达预定料位后上料机将自动停止上料。对有真空排气作业要求的，应在冷凝罐内加好洁净自来水至规定水位，关闭真空管路及冷凝罐各阀门，检查排气室密封圈是否良好。

⑥ 启动润滑油泵，再次检查系统油压及各支路油流，打开润滑油冷却器的冷却水开关。当气温较低或工作后油箱温升较小时，冷却水也可不开。

⑦ 启动主电机，并调整主机转速旋钮（注意开车前首先将调速旋钮设置在零位），逐渐升高主螺杆转速，在不加料的情况下空转转速不高于 40r/min，时间不大于 1min，检查主机空载电流是否稳定。主机转动若无异常，可按下列步骤操作：辅机启动→主机启动→喂料启动。先少量加料，以尽量低的转速开始喂料，待机头有物料排出后再缓慢升高喂料螺杆转速和主机螺杆转速，升速时应先升主机速度，待电流回落平稳后再升速加料，并使喂料机与主机转速相匹配。每次主机加料升速后，均应观察几分钟，无异常后，再升速直至达到工艺要求的工作状态。

⑧ 待主机运转平稳后，才可启动软水系统水泵，然后微微打开需冷却的料筒段截流阀，待数分钟后，观察该段温度变化情况。在主机进入稳定运转状态后，再启动真空泵（启动前先打开真空泵进水阀，调节控制适宜的工作水量，以真空泵排气口有少量水喷出为准）。从排气口观察螺槽中物料塑化充满情况，若正常即可打开真空管路阀门，将真空控制在要求的范围之内。若排气口有"冒料"现象，可通过调节主机与喂料机螺杆转速，或改变螺杆组合构型等来消除。

⑨ 塑料挤出后，根据控制仪表的指示值和对挤出制品的要求，将各环节进行适当调整，直到挤出操作达到正常的状态。

⑩ 正常停车时，先将喂料螺杆转速调至零位，按下喂料机停止按钮。关闭真空管路阀门。逐渐降低螺杆转速，尽量排尽料筒内残存物料。对于受热易分解的热敏性物料，停车前应用聚烯烃料或专用清洗料对主机清洗，待清洗物料基本排完后将螺杆主机转速调至零位，按下主机停止按钮，同时关闭真空室旁阀门，打开真空室盖。若不需拉出螺杆进行重新组合，可依次按下主电机冷却风机、油泵、真空泵、水泵的停止按钮，断开电气控制柜上各段加热器电源开关。关闭切粒机等辅机设备。关闭各外接进水管阀，包括加料段料筒冷却水、油润滑系统冷却上水、真空泵和水槽上水等（主机料筒各软水冷却管路节流阀门不动）。对排气室、机头模面及整个机组表面进行清扫。

⑪ 遇有紧急情况需要紧急停主机时，可迅速按下电气控制柜红色紧急停车按钮，并将主机及各喂料调速旋钮旋回零位，然后将总电源开关切断。消除故障后，才能再次按正常开车顺序重新开车。

（2）双螺杆挤出机操作注意事项

① 为了保证双螺杆挤出机能稳定、正常生产，应检查核实双螺杆和喂料用螺杆的旋向否是符合生产要求。

② 料筒的各段加热恒温时间要比较长，一般应不少于 2h。加热后开车，先用手扳动联

轴器部位，让双螺杆转动几圈，试转时应扳动灵活，无阻滞现象出现。

③ 双螺杆驱动电动机启动前，应先启动润滑油泵电动机，调整润滑系统油压至工作压力的 1.5 倍，检查各输油工作系统是否有渗漏现象，一切正常后调节溢流阀，使润滑油系统的工作油压符合设备使用说明书要求。

④ 为防止螺杆间摩擦和螺杆与料筒产生摩擦，划伤料筒或螺杆，螺杆低速空运转时间不应超过 2～3min。

⑤ 初生产时，强制螺杆加料的料量要少而均匀。注意观察螺杆驱动电动机的电流变化，出现超负荷电流时要减少料量的加入；如果电流指针摆动比较平稳，可逐渐增加料筒料量；出现长时间电流超负荷工作时，应立即停止加料，停车检查故障原因，排除故障后再继续开车生产。

⑥ 双螺杆挤出的塑化螺杆转动、喂料螺杆的强制加料转动及润滑系统的油泵电动机工作为联锁控制。润滑系统油泵不工作，塑化双螺杆电动机就无法启动；双螺杆电动机不工作，喂料螺杆电动机就无法启动。出现故障紧急停车时，按动紧急停车按钮，则三个传动用电动机同时停止工作。此时注意把喂料电动机、塑化双螺杆电动机和润滑油泵电动机的调速控制旋钮调回零位。关停其他辅机使其停止工作。

⑦ 运转中要注意观察主电机的电流是否稳定，若波动较大或急速上升，应暂时减少供料量，待主电流稳定后再逐渐增加，螺杆在规定的转速（200～500r/min）范围内应可平稳地进行调速。

⑧ 检查减速分配箱和主料筒体内有无异常响声，异常噪声若发生在传动箱内，可能是轴承损坏和润滑不良引起的。若噪声来自料筒内，可能原因是物料中混入异物或设定温度过低。局部加热区温控失灵造成固态过硬物料与料筒过度摩擦，也可能为螺杆组合不合理。如有异常现象，应立即停机排除。

⑨ 检查机器运转中是否有异常振动等现象，各紧固部分有无松动。密切关注润滑系统工作是否正常，检查油位、油温，油温超过 50℃，即打开冷却器进出口水阀进行冷却。油温应在 20～50℃ 范围内。

⑩ 检查温控、加热、冷却系统工作是否正常。水冷却、油润滑管道畅通，且无泄漏现象。经常检查机头出条是否稳定均匀，有无断条阻塞塑化不良或过热变色等现象，机头压力指示是否正常稳定。装有过滤板（网）时，机头压力应小于 12.0MPa。过大时则应清理过滤板（网）。检查排气室真空度与所用冷凝罐真空度是否接近一致。前者若明显低于后者，则说明该冷凝罐过滤板需要清理或真空管路有堵塞。

6.2.11　新安装好的双螺杆挤出机应如何进行空载试机操作？

对于新购或进行大修的双螺杆挤出机，安装好后，在投产前必须进行空载试机操作，其操作步骤为：

① 先启动润滑油泵，检查润滑系统有无泄漏，各部位是否有足够的润滑油到位，润滑系统应运转 4～5min 以上。

② 低速启动主电动机，检查电流、电压表是否超过额定值，螺杆转动与机筒有无刮擦，传动系统有无不正常噪声和振动。

③ 如果一切正常，缓慢提高螺杆转速，并注意噪声的变化，整个过程不超过 3min，如果有异常应立即停机，检查并排除故障。

④ 启动加料系统，检查送料螺杆是否正常工作，送料螺杆转速调整是否正常，电动机电流是否在额定值范围内，检查送料螺杆拖动电机与主电动机之间的联锁是否可靠。

⑤ 启动真空泵,检查真空系统工作是否正常,有无泄漏。

⑥ 设定各段加热温度,开始加热机筒,测定各加热段达到设定温度的时间,待各加热段达到设定温度并稳定后,用温度计测量实际温度,与仪表示值应不超过±3℃。

⑦ 关闭加热电源,单独启动冷却装置,检查冷却系统工作状况,观察有无泄漏。

⑧ 试验紧急停车按钮,检查动作是否准确可靠。

6.2.12 双螺杆挤出机开机启动螺杆运行前为什么要用手盘动电机联轴器?

在挤出生产过程中,停机时由于料筒内的物料可能没有清理干净,可能会残留部分物料在螺杆螺槽或螺杆与机筒内壁的间隙中,附着于螺杆表面或机筒内壁。这些物料如果在挤出机预热时没有熔融塑化好,将会对螺杆的旋转造成相当大的阻力。当螺杆启动时易引起挤出机过载,对螺杆产生很大的扭矩力,使螺杆出现变形损坏。双螺杆挤出机在温度达到设定温度后,在开机启动螺杆运行前应按螺杆正常旋转的方向用手盘动电机联轴器,使螺杆至少转动三转以上,可以观察螺杆与机筒之间及两根螺杆之间在转动中有无异常响声和摩擦,防止螺杆或机筒的损坏。

6.2.13 双螺杆挤出机的螺杆应如何拆卸与清理?

双螺杆挤出机的螺杆拆卸时首先应尽量排尽主机内的物料,然后停主机和各辅机,断开机头电加热器电源开关,机身各段电加热仍可维持正常工作,然后按以下步骤拆卸螺杆。

① 拆下机头测压测温元件和铸铝(铸铜、铸铁)加热器,戴好加厚石棉手套(防止烫伤),拆下机头组件,趁热清理机头孔内及机头螺杆端部物料。

② 趁热拆下机头,清理机筒及螺杆端部的物料。

③ 松开两套筒联轴器,根据螺杆轴端的紧定螺钉,观察并记住两螺杆尾部花键与标记。

④ 拆下两螺杆头部压紧螺钉(左旋螺纹),换装抽螺杆专用螺栓。注意螺栓的受力面应保持在同一水平面上,以防止螺纹损坏。拉动此螺栓,若螺杆抽出费力,应适当提高温度。抽出螺杆的过程中,应有辅助支撑装置或起吊装置来始终保持螺杆处于水平,以防止螺杆变形。在抽出螺杆的过程中可同时在花键联轴器处撬动螺杆,把两螺杆同步缓缓外抽前移一段后,马上用钢丝刷、铜铲趁热迅速清理这一段螺杆表面上的物料,直至将全部螺杆清理干净。

⑤ 将螺杆抽出后,平放在一木板或两根木枕上,卸下抽螺杆工具,分别趁热拆卸螺杆元件,不允许采用尖利淬硬的工具击打,可用木槌、铜棒沿螺杆元件四周轴向轻轻敲击,若有物料渗入芯轴表面以致拆卸困难,可将其重新放入筒体中加热,待缝隙中物料软化后即可趁热拆下。

⑥ 拆下的螺杆元件端面和内孔键槽也应及时清理干净,排列整齐,严禁互相碰撞(对暂时不用的螺杆元件应涂抹防锈油脂)。芯轴表面的残余物料也应彻底清理干净。暂时不组装时应将其垂直吊置,以防变形。

⑦ 用布缠绕木棒,清理机筒内腔。

6.2.14 在双螺杆挤出生产过程中突然停电应如何处理?遇到紧急情况时紧急停车应如何操作?

(1) 突然停电时的处理步骤　在双螺杆挤出生产过程中,遇到突然停电时的处理步骤为:

① 首先应及时关闭真空抽气系统的排气室与冷凝罐之间的阀门,以防止冷凝罐内的水倒流至排气室。

② 将喂料电机转速、主机螺杆转速及各辅机转速调至零。

③ 关闭各冷却水阀。

④ 关上控制柜上的闸刀电源开关。

（2）紧急停车处理　遇有紧急情况需紧急停车时，可迅速按下控制箱面板上红色的急停按钮，或切断整流柜内的断路器，系统失电，并随即将主机、喂料调速按钮回到零位，关闭真空阀门及各路进水阀，然后将总电源开关复位上电，再寻找机器故障的原因，故障处理完后按正常开机程序重新开机。

6.2.15　双螺杆挤出喂料机为何会突然出现自动停车？应如何解决？

（1）产生原因　双螺杆挤出过程中喂料机突然停机的原因主要有：

① 主机的联锁控制线路出现故障。由于双螺杆挤出机的喂料机和主机螺杆的转速要求有一定的速比，在生产过程中应进行同步的升速和同步的降速，以保证挤出机的加料稳定和挤出稳定。因此通常是采用同步联锁控制，主机的联锁控制线路出现故障时，喂料机也会突然停机。

② 喂料机的调速器故障。

③ 喂料机的螺杆被卡死。

（2）主要解决办法

① 检查并修复主机联锁控制线路。

② 检查或更换喂料机的调速器。

③ 检查喂料机中是否有异物或物料中是否有过大的颗粒存在，清理喂料螺杆。

6.2.16　双螺杆挤出机为何有一区的温度会出现过高的现象？应如何处理？

（1）产生原因

① 挤出机的冷却系统的电磁阀未工作、水阀没有打开，或可能是冷却水管路堵塞等。

② 挤出机冷却系统的风机未工作或转向不对，或小型空气开关关闭。

③ 温度表或 PLC 调节失灵。

④ 固态继电器或双向晶闸管损坏。

⑤ 螺杆组合剪切过强。

（2）处理办法

① 检查电磁阀线路或线圈。

② 打开水阀，并调节至合适的流量。

③ 疏通冷却水管路。

④ 检查风机线路或更换风机。

⑤ 打开小型空气开关。

⑥ 修改温度表或 PLC 调节参数。

⑦ 更换温度表或 PLC 模块。

⑧ 更换固态继电器或双向晶闸管。

⑨ 调整螺杆的组合。

6.2.17　双螺杆挤出过程中为何真空表无指示？应如何处理？

（1）产生原因

① 真空泵未工作。

② 真空表已损坏。

③ 冷凝罐真空管路阀门未打开。

④ 真空泵进水阀门未打开，或开度过大或过小。

⑤ 真空泵排放口堵塞。

（2）处理办法

① 检查真空泵是否过载。

② 检查真空泵控制线路。

③ 检查或更换真空表。

④ 打开冷凝罐真空管路阀门。

⑤ 调节好真空泵进水阀门。

⑥ 清理真空泵排放口。

6.2.18 双螺杆挤出过程中为何主机电流不稳定？应如何处理？

（1）造成原因

① 喂料系统的喂料不均匀，造成螺杆的扭矩变化较大，而使消耗功率变化不稳定。

② 主电机轴承损坏或润滑不良，使主机螺杆运转不平稳。

③ 某段加热器失灵，不加热，使物料塑化不稳定，造成螺杆的扭矩变化。

④ 螺杆调整垫不对，或相位不对，元件干涉。

（2）处理办法

① 检查喂料机是否堵塞或卡住，清理通畅，排除故障，使其加料均匀。

② 检修主电机轴承和润滑状况，必要时更换轴承。

③ 检查各加热线路及加热器是否正常工作，必要时更换加热器。

④ 检查调整垫，拉出螺杆检查螺杆有无干涉现象，消除螺杆元件的干涉现象。

6.2.19 双螺杆挤出机的主电机为何不能启动？应如何处理？

（1）产生原因 生产开机时，双螺杆挤出机主电机不能启动，其可能的原因主要有：

① 开车程序有错，温度未达到设定的温度，联动的辅机没有启动。

② 主电机控制线路有问题，熔断丝可能被烧坏。

③ 与主电机相关的联锁装置有故障。

（2）处理办法

① 检查程序，按正确开车顺序重新开车，水、电检查→润滑系统检查与润滑→机头安装→主机加热→料斗清理与加料→旋动联轴器→辅机启动→主机启动→喂料启动。

② 检查主电机控制电路。

③ 检查润滑油泵是否启动，检查与主电机相关的联锁装置的状态。油泵不开，电机无法打开。

④ 变频器感应电未放完，关闭总电源等待 5min 以后再启动。

⑤ 检查紧急按钮是否复位。

6.2.20 双螺杆挤出机开机时为何主机的启动电流会过高？应如何处理？

（1）产生原因 双螺杆挤出机运转过程中主电启动电流过高产生的原因主要有：①加热时间不足，或某段加热器不工作，物料塑化不良，黏度大，流动性差，使螺杆转动时的扭矩大；②螺杆可能被异物卡住，使得旋转时的阻力大，而产生较大的扭矩；③加料量过多，造成螺杆的螺槽过分填充，使螺杆的负荷过大，而产生较大的扭矩。

（2）处理办法

① 开车时应用手盘车，如不能轻松转动螺杆，则说明物料还没完全塑化好或可能有异物卡住螺杆，此时需要延长加热时间或适当提高加热温度。若时间足够长、温度足够高，在盘动螺杆时，螺杆转动还是比较困难，则需对螺杆、料筒进行检查、清理。

② 检查各段加热器及加热控制线路是否损坏，并加以修复或更换。

③ 减少机筒的加料量。

6.2.21　双螺杆挤出过程中为何突然出现异常声响？应如何处理？

（1）产生原因　双螺杆挤出机在挤出过程中出现异常声响可能产生的原因主要有：

① 主电机轴承损坏，使主电机轴产生刮磨而发出异常声响。

② 主电机可控硅整流线路中某一可控硅损坏。

③ 螺杆发生了变形或螺杆的相对位置可能发生了错动，啮合出现错位，而使螺杆间产生刮磨，而出现异常声响。

④ 物料中带入了坚硬的杂质或金属异物，对螺杆及料筒内壁产生刮磨。

（2）处理办法

① 检查或更换主电机轴承。

② 检查可控硅整流电路，必要时更换可控硅元件。

③ 检查物料中是否存在坚硬的杂质或金属异物，并清理螺杆和机筒。

④ 校正螺杆及两根螺杆的相对位置，使螺杆保持良好的啮合状态。

6.2.22　双螺杆挤出过程中机头为何会出现压力不稳？如何处理？

（1）机头压力不稳原因

① 外部电源电压不稳定或主电机轴承状态不好，使挤出机的主电机转速不均匀，物料的塑化和物料的输送出现不均匀，从而使挤出机挤出物料量不稳定，而造成机头压力不稳定。

② 喂料电机转速不均匀，喂料量有波动，使挤出物料量不稳定。

③ 挤出辅机的牵引速度不稳定，引起挤出物料量的不稳定，而造成机头压力的不稳定。

（2）处理措施

① 检查外部电源电压是否稳定，电源电压不稳定时，可以增加稳定器。

② 检查主电机轴承状态是否良好，必要时更换主电机轴承。

③ 检查喂料系统电机及控制系统，调速喂料的速度。

④ 调整挤出辅机的牵引速度，使之保持稳定。

6.2.23　双螺杆挤出过程中润滑油的油压为何偏低？应如何处理？

（1）润滑油油压偏低的原因

① 润滑油系统调压阀压力设定值过低。

② 油泵出现故障，输出油量少，油压低。

③ 润滑油的吸油管堵塞，润滑油路不畅通。

（2）处理措施

① 检查并调整润滑油系统压力调节阀，使其具有合适的油压力。

② 检查油泵是否泄漏严重或被卡，更换或清理油泵。

③ 检查吸油管是否被堵塞，清理或更换油管。

6.2.24 挤出机为何总是出现熔体压力报警且挤出机会跳闸停机，应如何处理？

（1）产生原因

① 熔体压力等相关参数的设定错误。

② 控制电路的固定螺栓松动。

③ 控制线路的接头接触不良。

④ 周边电气线路的线头接到熔体压力接线柱，产生了干扰。

（2）处理措施

① 检查相关参数设定是否合适，重新修改设定参数。

② 检查控制电路，紧固接线。

③ 检查周边电气线路是否有搭接、干扰线路，清除搭接现象。

如某公司有台挤出机总是出现熔体压力报警，并且出现报警后，挤出机就跳闸停机，当熔体压力的设定数值设定为最大时，现象仍然存在。经检查测量，熔体压力的控制电路没有接入，而在主机屏幕上熔体压力的实际测量值仍有数据显示。反复检查后发现是由于周边电气线路的线头接到熔体压力接线柱，产生了干扰。重新接线后，故障即排除。

6.2.25 双螺杆挤出机下料口为何会不下料，应如何处理？

（1）产生原因 双螺杆挤出机的加料一般是强制加料，饥饿式挤出，很少会出现下料口不下料的现象，如果在生产中出现不下料时，则可能原因主要有：① 物料颗粒较粗，下料口堵塞；② 机筒温度过高，下料口物料粘连，堵塞下料口；③ 螺杆结构不合理，螺距太小。

（2）处理措施

① 物料过筛，除去较粗颗粒。

② 设置偏心加料口，有利于下料。

③ 降低机筒加料口附近的温度，并对其进行冷却。

④ 螺杆加料段采用大螺距深螺槽螺纹元件（SK）。

6.2.26 双螺杆挤出机螺杆转速提高为何喂料速度上不去？应如何处理？

（1）产生原因 当双螺杆转速提高,而喂料速度不能提高时，则可能的原因有如下几点：

① 双螺杆挤出机各段的温度控制不当，机筒温度过低，物料不能完全塑化，难以挤出挤出机。

② 机筒加料口附近冷却不够，使加料口附近温度过高，物料出现粘连，堵下料口。

③ 双螺杆的结构设计不合理，啮合块过多，阻力元件设置过多，使物料前移的阻力过大。

④ 机头流道、换网装置被堵塞。

（2）处理办法

① 适当提高机筒温度。

② 加强加料口附近的冷却，防止物料的粘连。

③ 减少螺杆中的啮合块或阻力元件。

④ 清理机头流道，更换过滤网。

6.2.27 挤出机控制主板上 CPU 电池应如何更换？

挤出机控制主板上 CPU 电池是为 CMOS 供电以用来保存 BIOS 信息，一般电池的使用寿命可达 3～5 年。如果电池耗完或更换电池时断电，就可能造成电脑中存储的重要优化数据丢失，因此更换电池时必须加以注意。有些挤出机控制主板上 CPU 电池是直接焊接在电路板上的，更换起来比较麻烦。更换 CPU 电池而又不断 CPU 电的方法是：首先在主板上电池的引脚焊盘上引出两根电线，再外接一个电池座，直接插上新电池；然后再换下旧电池，即可实现不断电更换 CPU 电池，保证存储信息不丢失。

6.2.28　水冷式双螺杆挤出机为何料筒的温度升不上去？应如何处理？

（1）产生原因

① 冷却水路控制不当，冷却水流量太大或冷却水温过低。

② 料筒有部分加热器损坏，使加热能量不够。

③ 料筒所选用的加热器加热功率太小，满足不了挤出塑化物料的要求。

（2）处理办法

① 检查水路冷却水的流量或冷却水温是否合适，并进行调节。

② 检查一下冷却水路电磁阀有没有损坏，使电磁阀打开了而无法关闭。

③ 测量一下在通电情况下加热器有没有电流，检查加热器是否损坏，如损坏应及时更换。

④ 检查一下加热器的功率是否合适，如太小应更换功率大的加热器。

如某企业在采用不冷式双螺杆挤出机生产时，开始喂料时，料筒的 2、3、4 区的温度就会从 200℃下降至 150℃，温度无法升到正常生产温度。经维修人员检查发现是一加热器损坏，经更换加热器后，即恢复正常。

6.2.29　双螺杆时为何会出现机头出料不畅或堵塞现象？应如何处理？

（1）产生原因

① 加热器中有个别段不工作，物料塑化不好。

② 操作温度设定偏低，或物料的分子量分布宽，性能不稳定。

③ 可能有不易熔化的异物（如较小的金属块或砂石）进入挤出机并堵塞机头。

（2）处理办法

① 检查加热器，必要时更换。

② 核实各段设定温度，必要时与工艺技术员协商，提高温度设定值。

③ 清理检查挤出机挤压系统及机头。

6.3　排气式挤出机操作与疑难处理实例解答

6.3.1　排气式挤出机有哪些类型？有何适用性？

排气挤出机的类型较多，通常可根据螺杆的数量、结构及几何参数等的不同进行分类。一般根据螺杆数目、排气阶段数目的不同，排气挤出机大致可归纳为：单螺杆排气挤出机、双螺杆排气式挤出机、二阶式排气挤出机及多阶式排气挤出机。

只有一个排气段的称为二阶式排气挤出机，有两个或两个以上的称为多阶式排气挤出机。工艺上只需要排除物料中所含不凝性气体和挥发物时，用二阶式排气挤出机已足够有效，故其应用较广。多阶式排气挤出机主要用以满足某些特殊物料要求的加工。

根据排气形式及部位的不同，又可分为直接抽气式、旁路抽气式、中空排气式和尾部排气式挤出机。

排气挤出机的应用范围广，一般用于含水分、溶剂、单体的聚合物在不预先干燥的情况下直接挤出；用于加有各种助剂的预混合物粉料挤出，除去低沸点组分并起到均匀混合作用；用于夹带有大量空气的松散或絮状聚合物的挤出，以排出夹带的空气；用于连续聚合的后处理。如用于加工硬聚氯乙烯干混料、ABS 等极性大或含挥发物成分较多的塑料。

6.3.2 不同排气形式的排气挤出机各有何特点和适用性？

排气挤出机的排气形式有直接抽气式、旁路抽气式、中空排气式和尾部排气式等多种形式。不同排气形式，由于其结构有所不同，对挤出过程的影响也有所不同，因此应用上各有特点。

直接抽气式排气挤出机工作时，物料由第一计量段进入排气段后，气体从开设在排气段的排气口直接排出挤出机，这种排气形式的螺杆加工容易，料筒外部的加热冷却系统容易设置。物料流动通畅，阻力较小，因而物料积存少，不易引起尽力因滞料而造成的分解等现象，因此对物料的适用性广，但该种排气挤出机在流量大时，在排气段会出现冒料现象。

旁路抽气式排气挤出机是在料筒上开设一旁路系统，并安设调压阀，以控制流量；在螺杆的第一计量段末再设置一小段反螺纹，以迫使物料从旁路进入排气段。其设计目的是控制流量，以防止排气段的冒料，旁路抽气式排气结构如图 6-23 所示。旁路抽气式排气挤出机料筒形状复杂，热处理加工时容易变形，螺杆上的反螺纹段加工也较困难，旁路结构的设置使加热冷却系统装置难于布置。由于旁路的流道复杂，物料易出积滞而产生分解等现象，因此此类形式一般不适于加工热敏性塑料。

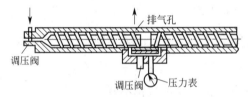

图 6-23 旁路抽气式排气结构

中空排气式排气挤出机是在旁路式排气挤出机上的改进，其结构特点是在螺杆的第一计量段后面设一小段反螺纹，在第一计量段结束处还在螺杆上开设一段与第二阶螺杆相通的中心通孔（代替原来的旁路通道）。熔体通过时，在反螺纹的作用下，迫使其从螺杆中心孔中流到第二阶螺杆，而溢出的气体却可以通过反螺纹到达排气段后而排出，脱除了气体的物料经压缩和塑化后从机头挤出，其结构如图 6-24 所示。此类排气挤出机一般适用于大直径螺杆挤出机，小直径螺杆会使螺杆的冷却长度受到限制。螺杆结构比较复杂，不易于加工热敏性塑料。

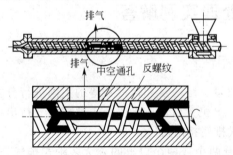
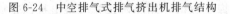
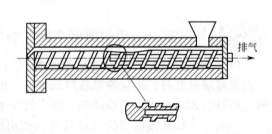

图 6-24 中空排气式排气挤出机排气结构　　　图 6-25 尾部排气式排气挤出机排气结构

尾部排气式排气挤出机在螺杆压缩段较短，排气口开设在排气段的螺杆上，气体通过螺杆中心孔从螺杆尾部排出，故称为尾部排气挤出机，其结构如图 6-25 所示。尾部排气式排气挤出机的螺杆加工较复杂，且螺杆冷却受到限制，但是料筒的加工、加热及冷却装置的安装方便。

6.3.3 单螺杆排气挤出机螺杆的结构如何？工作原理怎样？其稳定挤出的要求是什么？

（1）螺杆的结构　单螺杆排气式挤出机螺杆的结构类似于两根常规三段螺杆串联而成，在两根螺杆连接处设置排气口。排气口之前一段螺杆为一阶螺杆，它由加料段、第一压缩段、第一均化段组成；排气口之后的一段螺杆为二阶螺杆，它由排气段、第二压缩段、第二均化段组成，其结构如图 6-26 所示。

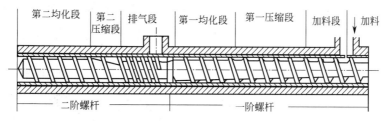

图 6-26　单螺杆排气式挤出机螺杆的结构

（2）工作原理　排气挤出机工作时，塑料经第一阶螺杆的加料段、压缩段混合后达到基本塑化状态。从第一计量段进入排气段起，因排气段的螺槽突然变深（几倍于第一均化段螺槽深），且排气口与真空泵相连通，使此段料筒内的物料压力骤降至零或负压，因而物料中一部分受压缩的气体和气化的挥发物直接从物料中逸出，还有一部分包括在熔体中的气体和气化挥发物使熔体发泡，在螺纹的剪切作用下，使熔体气泡破裂，并从物料中脱出，并在真空泵的作用下在排气口被抽走。脱除了气体及挥发物的塑料继续通过第二压缩段和第二计量段，被重新压缩，最后被定量、定压、定温度地挤入机头而得到制品。为了能提高排气效果，由排气段连接的串联的螺杆可以是多阶的，其排气也可以是多阶的。

（3）排气挤出机稳定挤出的基本要求　对于排气挤出机稳定挤出的基本要求是：

① 排气段螺槽不应完全充满螺槽，以保证物料有足够的发泡和脱气空间及自由表面。

② 排气挤出机稳定生产的充分必要条件：一阶螺杆计量段的挤出流率（Q_1）与二阶螺杆计量段的挤出流率（Q_2）相等，即 $Q_1 = Q_2$。若 $Q_1 > Q_2$，二者相差太大必然有多余的熔融物料由排气口溢出，产生"冒料"现象，使排气无法进行；但如果二者相差甚小，考虑到排出的气体，可以认为能正常工作。

若 $Q_1 < Q_2$，则第二均化段不能够为熔融材料充满。当 Q_1、Q_2 相差很大时会产生缺料现象，严重时会引起流率和压力的波动，挤出也就不稳定，使制品密度不够，制品尺寸不均匀。

③ 从排气要求和挤出稳定出发，希望排气段的螺槽只能部分地充满熔体，否则就没有自由表面来排除气体，并有可能使排气孔堵塞，第二均化段应充满熔体，否则会引起出料速率的波动。但在实际中，为了保证连续稳定地挤出，排出的气体一般使 Q_1 稍大于 Q_2，而又不致引起排气口冒料。

④ 由于 Q_1、Q_2 分别受第一均化段末（即排气口处）的压力和机头处压力的影响，在第二均化段为熔体充满的条件下，第一、第二均化段的输送能力只有在一定的机头压力下才能取得一致。当超过这个压力时，排气口就会溢流；当低于这个压力时，第二均化段就不会全部充满熔体。因此，没有安装压力调节阀的排气挤出机的螺杆必须和机头严格匹配。

6.3.4 排气挤出机为何要严格控制熔体的压力？压力应如何调节控制？

（1）压力调节作用　排气挤出机压力调节的作用是使排气挤出机能克服排气挤出机工作

范围窄这一缺点,有较大的适应性,能在不同类型、不同压力的机头口模等条件下实现流量平衡,以进行稳定挤出。

(2) 压力调节方法 压力调节控制的方法通常是在排气挤出机的第一计量段末或同时在第一、第二计量段末设置调节阀。调节阀的基本原理都是通过改变流道面积来实现压力调节的。流道面积增大,压力变小;流道面积减小,压力变大。具体的调节方法是:

① 通过轴向移动,改变流道面积。例如,在第一计量段末的螺杆上设有一个与料筒内壁的凹圆环相对的凸台肩,螺杆做轴向移动,调节 V_1(阀芯移动),如图 6-27(a) 所示;或在机头上安装调节螺钉推动阀体做轴向移动,调节 V_2,如图 6-27(b) 所示。

② 通过在流道中设置可调节阻力元件,改变流道面积。通过在流道中设置调节螺钉,使阀芯移动来改变阀芯突入流道的多少,改变流道面积,调节流道阻力,以实现压力、流量调节,其结构如图 6-28 所示。

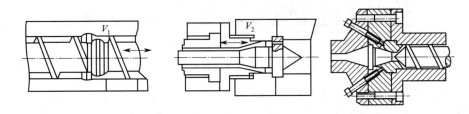

(a)通过螺杆轴向移动调节V_1　　　　　　(b)通过机头及滑块轴向移动调节V_2

图 6-27　轴向移动改变流道面积结构

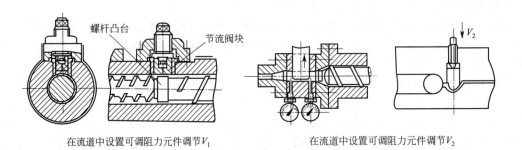

在流道中设置可调阻力元件调节V_1　　　　　在流道中设置可调阻力元件调节V_2

图 6-28　轴向移动改变流道面积结构

设置压力调压阀时,一般应在第一计量段结束处设置一个压力调压阀 V,在机头或第二计量段结束处或者口模处增设置一个压力调节阀 V'。当挤出过程中 $Q_1 < Q_2$ 时,通过调节调压阀 V' 来使机头的压力增大,以降低二阶螺杆的挤出流率 Q_2,从而达到前后两阶螺杆的流量平衡,减少波动现象。当挤出过程中 $Q_1 > Q_2$ 时,可通过调压阀 V 使第一计量段的产量 Q_1 下降,从而使两个计量段的流量平衡,以实现稳定挤出。

6.3.5　排气挤出机主要有哪些技术参数?如何选用?

排气挤出机的技术参数主要有长径比、螺杆各段长度、泵比、二阶螺槽深度、排气口形状及结构。

(1) 长径比和螺杆各段长度分配 排气挤出机的螺杆长径比一般为 24~30,比一般的单螺杆的要长。

两阶螺杆长度的分配:排气螺杆在排气段之间的长度应能保证塑料在进入排气段之前基本塑化,在一般情况下,它的长度占螺杆全长的 52%~58%,最大不大于螺杆全长的 2/3;

对长径比较大的挤出机，这个百分比可取较大值。

第一阶螺杆的加料段、压缩段与计量段三段长度的分配原则与普通螺杆相同，只不过第一计量段可以短一些。因为搅拌均匀、定压定量挤出等方面的功能主要由第二计量段来保证。

长径比 $L/D = 30$ 的排气螺杆，其排气段长度大都在 $(2 \sim 6)D$ 之间，以 $4D$ 居多。第二压缩段长度不大于 $2D$。在可能的情况下，第二计量段长度应取得较长，以保证挤出过程比较稳定。在一般情况下，占全长的 $15\% \sim 25\%$。长径比较大的螺杆这个百分比可取大一些。

（2）泵比　所谓泵比，是指第二均化段的螺槽深度与第一均化段的螺槽深度之比，即

$$X = \frac{h_{\text{II}}}{h_{\text{I}}}$$

在不设调压阀的情况下，当螺杆直径、螺旋角和螺杆转速一定时，排气挤出机的生产率是由 h_{I} 来决定的，h_{I} 的选择与普通非排气螺杆不多。当 h_{I} 选定后，h_{II} 就不能单独决定，它和泵比有一定关系。

泵比 X 越接近1，冒料的可能性越大；X 越大，冒料的可能性越小。一般 X 应在 $1.6 \sim 1.7$ 之间选取。目前排气挤出机的泵比 X 大多在 $1.5 \sim 2.0$。如果排气挤出机被用来混色，泵比 X 可取大些，若用于稳定挤出，则应取小些。

（3）二阶螺槽深度　第二计量段槽深应根据泵比大小来确定。排气段螺槽深度为一阶计量段槽深的 $2.5 \sim 6$ 倍，一般视螺杆直径而定。当螺杆直径大时，可取大值；当螺杆直径小时，应取小值。但应注意排气段螺杆的强度，因为螺槽太深，有可能会削弱螺杆的强度。

（4）排气口形状及结构　排气段参数的选择如排气段长度、物料在排气段的停留时间及排气段物料承受的剪切速度梯度的大小、物料充满该段螺槽的程度等，会直接影响排气效果。一般排气段长度为 $(2 \sim 6)D$，排气段的螺槽深度是第一均化段螺槽深的 $2.5 \sim 6$ 倍。

排气口的形状和位置应有利于排气，减少冒料，便于观察和清理，且应加工方便。排气口的形状有圆形、腰子形或长方形等。为长方形时，长边为 $1D \sim 3D$，面积与螺杆截面积之比为 $0.6 \sim 1$。排气口的位置可以是向上的，也可以是水平的或倾斜 $45°$，其中心线可稍偏离料筒轴线几个毫米。考虑到物料离开料筒壁进入排气口时的弹性膨胀（巴勒斯效应），在螺杆旋转方向和物料前进方向的料筒壁上加工出一个 $\alpha = 20°$ 的切角，称为吸料角，以避免弹性鼓起的熔体被夹角刮在排气口上累积，堵塞排气口。该角可以将物料拉回，保证排气口干净，其结构如图 6-29 所示。

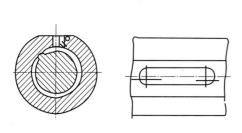

图 6-29　排气口形状

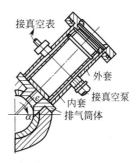

图 6-30　排气结构

排气口最好设计为可拆卸的，如图 6-30 所示，以便在不需要排气时，可卸下换上塞子；或在有大量冒料时，能更换排气口装置，以保证正常加工。

6.4 反应式及其他共混设备操作与疑难处理实例解答

6.4.1 什么是反应挤出？反应挤出有何特点？

（1）反应挤出　反应挤出（REX）是在聚合物和/或可聚合单体的连续挤出过程中完成一系列化学反应的操作过程，是对现有聚合物进行共混改性的有效方法。

（2）反应挤出特点

① 通过各种组分的添加与复合，在控制化学反应的同时，可实现相结构的控制，制备具有优异性能的聚合物复合材料。

② 适应于高黏度的熔融态聚合物反应体系。由于挤出机的挤压系统具有能处理高黏度聚合物的独特功能，因此反应挤出可以在 $10\sim10000Pa \cdot s$ 的高黏度范围内实现聚合物的化学反应。在常规的化学反应器如反应釜中，当聚合物的黏度在此范围时，一般难以进行均匀的化学反应，而需要使用大量的溶剂或稀释剂来降低黏度，改善混合质量与热传递效果。螺杆类挤出机则具有较强的混合能力，能连续使物料层变薄，增加反应组分间的混合均匀程度，并可减小反应物料中的温度梯度。

③ 反应可控性好。在反应挤出机中，轴向方向几乎是一种柱塞流反应器，由于挤出过程的连续性，使反应过程的精确控制成为可能，如通过改变螺杆转速、加料速度以及温度条件，可精确控制最佳的反应开始时间与反应终止时间。通过调整螺杆几何结构与操作参数则可以控制物料停留时间分布。此外，挤出机可利用新进物料吸收热量和输出物料排除热量的连续化过程来实现热量匹配。

④ 较好地防止高温导致的聚合物分解。对同样的反应，与间歇反应器相比可大大缩短反应时间，并且由于反应挤出机尤其是双螺杆挤出机具有良好的自洁性能，大大缩短物料的停留时间，从而避免聚合物长期处于高温下导致分解。

⑤ 更换产品灵活性强。反应挤出机所适应的压力与温度范围广，并且其结构大多可做成积木组合式，具有多阶能力，可随时调整螺杆结构及挤出工艺，以适应各种不同物料体系。

⑥ 对环境影响小。由于反应挤出不使用溶剂或很少使用溶剂，故环境污染小。

⑦ 投资小，省能耗。建一条反应挤出生产线的成本比间歇反应器（需要几个大型设备）少得多，不需要溶剂回收设备。在生产中可节省大量聚合物的溶剂。

⑧ 生产工序简单。利用反应挤出过程可方便地实现物料的混合、反应、脱挥、复合改性、造粒和成型加工等过程，并使这些环节一步实现。这就可减少工序，缩短流程，降低成本，提高劳动生产率。

6.4.2 反应挤出机结构如何？

反应挤出机的结构主要由加料计量系统、料筒体、料斗、油路控制系统、真空脱挥系统、温度、压力、扭矩监控系统和循环冷却系统等部分组成，图 6-31 所示为聚烯烃反应接枝的挤出机。

进行反应挤出时，将各种反应原料组分如聚合物、单体、引发剂、其他助剂等一次或分次由相同或不同的加料口加入到挤出机中，借助于螺杆的旋转，实现各种原料之间的混合与输送，并在外热和剪切热作用下，使物料塑化、熔融、反应。随后，移去反应过程产生的挥发物。反应充分后，物料从口模被挤出，经骤冷、固化、切粒或直接挤出成型为制品。为了实现分批加料，以利于化学反应，反应挤出机上常设有多个加料口，黏性液体或气体反应物按反应顺序可在机筒的不同加料口加入，部分固体物料还可通过设置在侧向的喂料口加入。

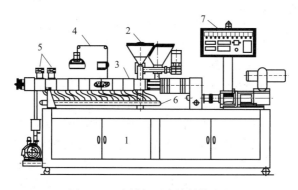

图 6-31 聚烯烃反应接枝挤出机
1—油路控制系统；2—料斗；3—筒体；4—液态反应剂加料计量系统；
5—真空脱挥系统；6—循环冷却系统；7—温度、压力、扭矩监控系统

6.4.3 反应挤出有何要求？其挤出过程如何？

（1）反应挤出的要求　反应挤出过程对条件要求比较严格，具体要求是：优良的混合、足够的反应空间、恰当的停留时间及停留时间分布、良好的温控、能脱去反应过程所产生的水分和气体、连续而稳定的挤出能力、能在挤出过程的不同阶段加入其他组分等。这些要求都是为了使反应迅速、充分、稳定和高效。

（2）反应挤出过程　反应挤出过程包括加料、混合、反应、挥发分的脱除物料输送与排出等几个阶段。

① 加料　反应挤出过程中液态单体、固体粉末、玻璃纤维等物料应在挤出机的低压区加入。固态粉料一般可在下游位置使用双螺杆侧喂料机进行喂料。液态添加剂很容易使颗粒打滑，使粉料在喂料口处结块。因此，大部分液态物料都在塑化段的下游注入。如果液态物料的添加量很大，则可以在沿程不同的部位分批添加。玻璃纤维或具有很强研磨性的填料可在第一段聚合物基体熔融之后，在其下游加入。聚合物熔体对填料和纤维的包裹不仅可最大限度地减轻其对机器的磨损，而且可避免玻璃纤维的断裂。

② 混合　反应挤出过程不同于一般的挤出过程，它要使不同高低黏度的物料之间发生混合。混合也是反应挤出过程的关键，各组分间的混合状态的优劣决定反应速率和反应物的质量。反应挤出过程要求有良好的分散混合和分布混合能力；适当的剪切，以使聚合物分散和细化并产生变形，增加各组分间的接触界面；使聚合物分子链"解缠"，发生相对位移，使大分子活化，使某些链段断裂形成大分子自由基，为反应创造条件。

③ 反应　为了在挤出过程中使反应充分进行，挤出操作应保证足够的反应空间、适宜的停留时间及停留时间分布。

反应空间主要取决于反应器的几何结构设计。但若以 Q 表示反应挤出加工过程的容积流率，t 表示物料在挤出机内的平均停留时间（平均反应时间），f 表示容积充满系数，则反应空间 V 可粗略用下式表达：

$$V = Qt / f$$

停留时间除了与反应空间有关外，还与容积流率与容积充满系数有关。一般来说，对所期望的容积流率 Q、V 就成为设计变量，因此增加 V 就成为增加停留时间的关键。对螺杆类挤出机来说，当其直径已定后，V 就取决于长径比和螺杆结构。因此，物料要有适当的停

留时间是对反应挤出机的基本要求：停留时间过短，反应不完全；过长，也会影响反应物性能且所有物料在挤出机中的停留时间应大致相等，使反应均匀、稳定。

当反应进行时，不同阶段可能是吸热或放热。这就要求挤出机及时提供热量和把热量导出。因此，反应挤出机应有较大的传热面积和传热系数，并配以精密的温度控制系统。对于大型的反应挤出机，更需要强化传热与温控。

④ **挥发分的脱除**　反应挤出过程往往伴随有水分和气体产生，应及时排除，否则会影响反应过程的进行和完成。这就要求在反应挤出机上设置专门的排气段（脱挥区）。在达到所要求的反应程度后，需要脱除的挥发性的低分子副产物或未反应的低分子添加剂随物料进入脱挥区。为了有效地排气（脱挥发分），常将排气段螺杆的螺距加大（一般为 $1D \sim 2D$），降低填充程度，使排气区呈缺料状态，从而形成足够大的排气表面积。在排气段的机筒上，开有排气口。该排气口可直接与真空系统相连。假如反应挤出过程要求设备具有非常高的脱挥能力，则可设置多个脱挥区，进行分段脱挥。

⑤ **输送物料和排出物料的能力**　由于参与反应的物料黏度都比较大，要毫无困难地、连续而稳定地通过挤出机输送，这就要求挤出机的排出段能建立足够高的压力，以便将物料由机头挤出，进行造粒或直接成型出制品。螺杆末端部位的结构，在很大程度上决定物料的流动速度与排料压力。如小螺旋角能够提高压力流量，小螺距元件有利于获得高压状态，反螺纹（即左螺旋元件）可用来限制物料流动，并产生逆向料流和增大填充率。

6.4.4　反应挤出过程会受哪些操作因素的影响？

反应挤出过程会受多方面因素的影响，操作时喂料速度、温度控制、螺杆转速等控制不当会直接影响反应挤出的过程。另外，螺杆的组合情况对整个反应挤出过程影响也很大。

（1）**喂料速度**　在双螺杆挤出机中，通常喂料是"饥饿式"的，因此定量喂料的速度实际上决定了挤出产量，而与螺杆转速无关。通过对喂料速度的控制，也可对反应时间、容积充满系数、反应空间进行控制，从而实现所期望的化学反应。

（2）**挤出温度**　挤出温度是反应挤出中的一个重要工艺参数。为适应所需要的化学反应，必须保证与其相适应的挤出温度。例如，对聚丙烯进行接枝、填充改性时，发现挤出温度低时，反应速率慢，接枝率低，改性物的力学性能偏低；而当挤出温度高于某一数值时，易发生降解，物料变色，改性物的力学强度降低。因此，对反应挤出来说，需要探索其最佳挤出温度。

对于低熔点的聚合物，使用催化剂往往能够在相对较低的加工温度下，促使所期望的化学反应成功地进行。而在聚合物的熔融加工温度高于所需要的反应挤出温度时，采用增塑或润滑的措施可将其降至适合于化学反应并且反应速率可控的温度范围内。

由于反应挤出过程常包含几个阶段，因此有必要建立起稳定、与其相应的轴向温度分布，要防止局部位置过热而导致的反应速率异常加快。如物料在通过挤出机的混炼段时，常会导致温度的升高，这就需要细心地调节该区段的机筒温度。

（3）**螺杆转速**　反应挤出要求物料在挤出机中有足够的反应时间，而螺杆转速影响着物料在挤出机中的停留时间，从而影响反应时间。一般根据螺杆直径和长径比来选择螺杆转速。对于相同的挤出量，螺杆直径越大，长径比越大，为保证相同的反应时间所需要的螺杆转速越小。

（4）**螺杆组合**　在任何情况下，反应挤出机中的混合都必须充分，以使反应性基团能相互碰撞而发生反应。不同类型的螺杆元件，有着不同的混合功能、输送能力与熔体密封能力。因此，反应挤出机中螺杆元件的组合也是一个重要的因素。螺纹元件的分散混合与分布混合效率都较低；有突棱且轴向厚度宽的混合元件有较好的分散混合效果，没有突棱且轴向厚度窄的混合元件能切割熔体而有较好的分布混合效果；齿轮类混合元件能使物料经受多次重新取向和两相接触；多突棱啮合盘在进行混合的同时，还具有"自洁"作用；限流环能提供多重障碍，并起熔体密封作用，可作为分区元件；反螺纹元件放在混合部件之后能增加总的剪切输入量，而放在正向输送元件之后，则产生相对低的剪切密封。

6.4.5　行星螺杆式挤出机的结构如何？有何特点？

（1）行星螺杆式挤出机的结构　行星螺杆式挤出机主要由一根较长的主螺杆（也称太阳螺杆）与若干根行星螺杆及内壁开有齿的机筒组成，其行星螺杆的数量与行星段主螺杆直径成正比，一般为6~18根。行星段螺棱的螺旋角有45°，在行星段的末段都设有止推环，以防止螺杆产生轴向移动。为防止加料段与行星段的温度相互干扰，在两段之间还设置有隔热层，其结构如图6-32所示。

图6-32　行星螺杆式挤出机

挤出机工作时，由传动系统驱动中央的主螺杆旋转，从而带动行星螺杆转动，行星螺杆浮动在主螺杆与机筒内壁之间。物料从加料段送至行星段，由于行星段主螺杆与行星螺杆之间，以及行星螺杆与机筒内壁的螺旋齿之间连续啮合，物料受到反复剪切和捏合，从而促使其充分地混合与塑化。

（2）行星螺杆式挤出机特点　行星螺杆式挤出机的特点是：物料接触面积大，便于热量交换，热交换面积比单螺杆挤出机大5倍以上，混炼塑化效率高；剪切作用小，物料停留时间短，防止降解，能耗低，产量大。多用于供料与造粒，主要起熔融和混炼作用，主要适用于加工热敏性物料。

6.4.6　串联式挤出机的结构如何？有何特点？

（1）串联式挤出机的结构　串联式挤出机由两段独立驱动相互串联起来的挤出机构成，其布置形式主要有两种：一种是两阶挤出机平行排列，其结构如图6-33(a)所示；另一种是两阶挤出机相垂直排列，如图6-33(b)所示。一般第一挤出机螺杆的直径小，以高速在短时间内给物料较大的剪切应力，使物料强力塑化和混炼，该段以加热升温为主。第二挤出机螺杆直径较大，以低速旋转，使物料缓慢地混炼和塑化，能在输出端建立高压，实现稳定的挤出，此段以冷却保温为主。

（2）串联式挤出机的特点

① 两段螺杆转速可单独调节，容易达到流量平衡，工艺适应性强，不易产生冒料现象，挤出稳定。

② 加热升温与冷却保温分开进行，能节省能源。

③ 物料的混炼与成型同时进行，可减少加工过程对物料的污染。

④ 能用较小的螺杆在较广范围内进行大容量的挤出，如用于 PP、PET、PS 等大型双向拉伸宽幅薄膜，PS 一步法发泡片材，PVC 电线电缆的包覆等的挤出以及物料的连续混炼等。

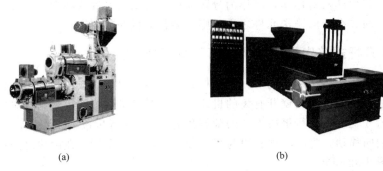

(a)　　　　　　　　　　(b)

图 6-33　串联式挤出机

6.5　共混辅助设备操作与疑难处理实例解答

6.5.1　切粒设备有哪些类型？有何特点？

（1）切粒设备的类型　粒料的生产工艺的不同，切粒装置的结构也有所不同，目前的切粒设备主要有料条切粒机、机头端面切粒机等类型。

（2）不同类型的特点　料条切粒机的结构组成及切粒流程如图 6-34 所示，它主要由切刀、送料辊和传动部分等组成。工作时，熔体经条料或带料机头出来后进入水槽冷却，经脱水风干后，通过夹送辊按一定的速度牵引并送到切粒机中，在切刀的作用下，切成一定大小的圆柱粒状料。在切粒过程中，粒料的长度则是由送料辊的速度确定，通常牵引速度不应超过 60~70m/min，料条数目不超过 40 根。这种切粒机一般需与条料机头或带料机头的挤出机配合，料条需用强力吹风机干燥，切粒机具有多把切刀。其操作简单，适合一般的人工操作。但需要相对大的空间，运转时噪声较大。

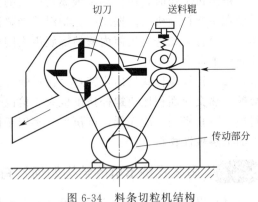

图 6-34　料条切粒机结构

机头端面切粒是在熔体从机头挤出后，直接送入与机头端面相接触的旋转刀而切断，切断的粒料输送并空冷或落入到流水中进行水冷，这个过程属于热切造粒。结构简单，安装操作简便，但颗粒易发生粘连。

6.5.2　机头端面切粒装置主要有哪些？各有何特点？

（1）机头端面切粒装置的主要形式　机头端面切粒装置根据冷却方式和切刀形状的不同可分为中心旋转切粒空气冷却切粒、中心旋转切刀水冷切粒、平行轴式旋转刀水冷切粒、环形铣齿切刀水冷模头面切粒、水环切粒装置等五种形式。

（2）特点　中心旋转切粒空气冷却切粒装置的结构如图 6-35 所示。其造粒方式简单，由于出料孔分布在一个或多个同心圆上，易产生粒料粘连现象，且产量（大约 100kg/h）较低，只限于 HDPE 和 LDPE 的造粒。

中心旋转切刀水冷切粒装置是一种较为普遍的造粒系统，旋转刀旋转切粒。为防止粒子间互相粘连，最后应落入水槽中冷却。出料孔分布在一个或多个同心圆上，要求出口平面比较大，所以机头体也就相应增大，但切刀的定位和制造较简单，采用弹簧钢刀片即可直接与模头面相接触。

平行轴式旋转刀水冷切粒装置类似中心旋转切刀水冷切粒系统，主要用于聚烯烃的切粒。其结构如图 6-36 所示。机头中心与旋转刀的轴心不同轴，互相平行。机头板较简单，在一个很小的横截面上可分布很多出料孔，出口平面和机头都较小，但切刀的结构要相对大些，且与模头板之间要精确控制一定的间隙。

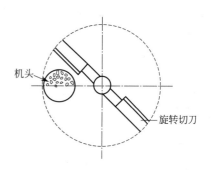

图 6-35　中心旋转切粒空气冷却切粒装置　　　　图 6-36　平行轴式旋转刀水冷切粒装置

环形铣齿切刀水冷模头面切粒装置用螺旋铣齿切刀作切粒机构，机头的出料孔直线排列。适合所有热塑性塑料包括 PA、PET 和 PVC 的切粒。其结构如图 6-37 所示。

水环切粒装置既可是垂直式又可是水平式的。由于自机头出来的物料能在模头面被切断，切断后的粒料同时已经水冷，故不易产生粘连团。因机头与水直接接触，所以必须考虑密封。为防止切刀与模板间的磨损，模板的表面硬度要求比较高。粒料的形状可以是圆粒状、围棋子状或球状，长度由切刀速度确定，直径由出料孔径来定。其结构如图 6-38 所示。

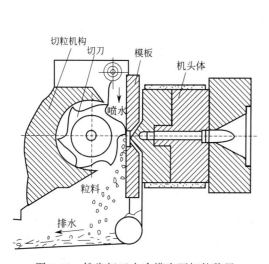

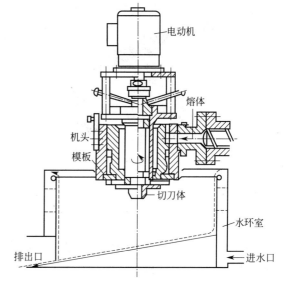

图 6-37　铣齿切刀水冷模头面切粒装置　　　　图 6-38　水环切粒装置

6.5.3 塑料破碎机有哪些类型？各有何特性？

塑料破碎机类型有很多，通常根据破碎机所施加外力的种类来分，可分为压缩式、冲击式、切割式三种类型。按破碎机的运动部件的运动方式可分为往复式、旋转式和振动式三种类型；按旋转轴的数目和方向可分为单轴式、双轴式两种类型；按破碎机的结构来分，可分为圆锥式、滚筒式、叶轮式及锤式破碎机等；按机型设计分为卧式或立式破碎机。目前国内外使用较为普遍的塑料破碎机为单轴回转式剪切破碎机。

对于不同类型的破碎机，其结构和使用特性也是不同的，且破碎的条件、粉碎物的粒度也有相当大的差别，因此在实际工作中要根据塑料的种类、塑料的物理性能，如强度、硬度、柔软性及脆性等来选择破碎机及其所用滤网的尺寸和刀具的数量、角度等。表 6-1 所示为几种塑料破碎机的使用特性。

表 6-1　几种塑料破碎机的使用特性

破碎机类型	施力方式	被粉碎物料					破碎品粒度 /mm	磨耗程度		
		脆弱	坚韧	橡胶状	纤维状	柔弱		大	中	小
压碎机	a	+					500～15		+	
圆锥破碎机	a	+					100～10			+
滚筒破碎机	a	+	+		+	+	＞20	+		
冲击破碎机	b	+	+		+	·	＞30	+		
锤式破碎机	b		+				＞20			+
切割式破碎机	c		+	+	+		10～1	+		

注：a 为压缩（0～4m/s）；b 为冲击（10～200m/s）；c 为切割、剪断；"+"为与该项对应。

6.5.4 塑料破碎机的结构组成怎样？工作原理如何？

（1）塑料破碎机的组成　塑料破碎机的组成通常都包括进料仓、剪切装置、机座、机架等部分，其结构如图 6-39 所示。

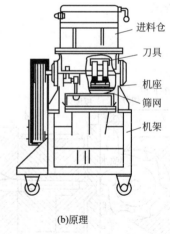

(a)实物　　　　　　　　　(b)原理

图 6-39　塑料破碎机

进料仓的作用是添加物料，以及防止物料在破碎过程中碎片的飞溅。一般由板材焊接而成，并用螺栓固定在机架盖上。较先进的进料仓一般为双层结构，中间充填隔声材料，使破碎机的噪声明显减少。

剪切装置由旋转刀、固定刀、筛网等组成。旋转刀具有锐利的刃口；在破碎室内壁上也装有固定刀，通过刀具的相对运动将破碎物剪断。根据筛网上筛孔的大小，可以得到各种粒度不同的破碎物。旋转刀基本有平板刀片和分片螺旋式刀片两种形式，如图 6-40 和图 6-41 所示。其中分片螺旋式的刀体组装形式破碎力大，适用范围广。

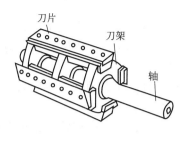

图 6-40　平板刀片

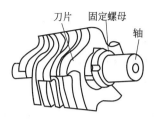

图 6-41　分片螺旋式刀片

由于废旧塑料中的杂质含量多，在破碎过程中很容易被磨损，若是使用磨损大的刀具，则会出现大尺寸的破碎片，降低破碎机的产量，同时在再生利用时还会带来加料和输送的困难，如后续挤出造粒。因此，刀具必须有足够的耐磨性和硬度等。为了保持刀刃的锋利，每破碎一定量的塑料后应对刀刃进行修磨。

筛网是保证破碎得到粒度大小合适的破碎物，破碎机的产量是随筛网孔尺寸的增大而提高的；而比能耗则随筛网孔尺寸的增大而降低。但网孔尺寸较大时，会得到颗粒大、松密度较低的破碎物，这会影响后续挤出造粒等。

机座一般采用铸件，用以支承、安装旋转刀轴。机座上、下盖用铰链连接，上盖可自由开启，便于维修及调整旋转刀、固定刀。机座下装有筛网。

机架由角钢焊接而成，是连接、支承所有零件的基础。其底部装有活动轮架，便于设备的安装、移动。

出料仓由板材焊接而成，其作用是集装破碎物。

(2) 塑料破碎机的工作原理　塑料破碎机在工作时，由电动机经传动装置驱动旋转刀轴旋转，使安装在旋转刀轴上的旋转刀与固定在机座上的固定刀组成剪切副。当需破碎废旧塑料经进料仓进入破碎室时，在旋转刀与固定刀的不断剪切作用下逐渐被剪碎，当剪碎后的物料粒度小于筛网孔径时，经筛网筛滤后通过出料仓被挤出，最后装袋包装即得到一定粒度大小的破碎废旧塑料。

6.5.5　塑料破碎机操作与维护应注意哪些问题？

① 开机前应检查破碎室中是否存有物料及其他物品，严禁开机前给破碎机加料，以免启动时电动机出现过载现象，而烧坏电动机、损坏刀具及其他零部件。

② 开机前应检查设备各部分是否正常、润滑情况如何，机器声音是否正常，发现异常，应立即停车检查。

③ 上机壳闭合后，应紧固止退螺钉，机器运转时，止退螺钉不得有松动现象出现。开机过程中不得任意打开机盖。

④ 破碎过程中，要注意适量加料，不得一次性塞满破碎室，以免造成旋转刀具被卡死，而出现过载的现象。

⑤ 在调整刀片时，以固定刀片为基准，可调整活动刀片，保持一定量的相对间隙。一般间隙量为 0.1～0.3mm。

⑥ 破碎一定量的废料后，应修磨一次刀刃（包括活动刀片和固定刀片）。

⑦ 停车后进料斗内不得有存料，应对刀片周围的物料进行清理。

⑧ 应经常清洗机器的外壳，每 3 个月的时间必须按时检修，拆洗零件，检查密封圈与轴承的磨损程度并及时更换零件。整机一般一年大修一次。

6.5.6 圆锥式破碎机应如何操作？

① 开车前检查破碎腔内有无异物；排料口的宽度不合要求时，应事先调整；检查各种电气联锁装置和音响信号等是否正常；检查油箱中的油位和油温，油温低于 20℃ 时不应开车，必须用加热器加热。

② 经检查无问题后方可开车。新安装未经试车的破碎机，在启动之前应用人工或吊车搬动破碎机回转 2～3 转，以免发生碰撞事故。

③ 待油温、油压以及冷却水压力达到规定值，油泵运行 3～5min 后，启动破碎机并加料。

④ 破碎机工作过程中给料必须均匀，粒度应符合要求，一般小于给料口尺寸的 80%；经常检查润滑系统的油量和油温。回油温度不应超过 60℃；检查水封防尘的排水情况，断水则不允许运行；检查水冷却系统的管路是否畅通，以及水量和水温；注意检查锁紧油缸的油压，调整环必须在锁紧状态下方可运行；定期检查衬板磨损情况以及各部件的紧固情况，如发现有松动、脱落或严重磨损，应立即紧固或按时更换；经常检查产品粒度情况，超过规定应进行调整。

⑤ 停车时，先停止加料，待出料口没有物料出现后，再停车。在室温低于 0℃ 时，停车后应将水封中和冷却水管中的水放掉，以防冻坏水管。

参 考 文 献

[1] 刘廷华. 塑料成型机械使用维修手册. 北京：机械工业出版社，2000：5.

[2] 王兴天. 塑料机械设计与选用手册. 北京：化学工业出版社，2015：7.

[3] [美] David B Todd. 塑料混合工艺及设备. 詹茂盛，译. 北京：化学工业出版社，2002：9.

[4] 刘西文. 塑料挤出成型技术疑难问题解答. 北京：印刷工业出版社，2012：11.

[5] 耿孝正. 塑料混合及连续混合设备. 北京：中国轻工业出版社，2008：1.

[6] 吴念. 塑料挤出生产线使用与维修手册. 北京：机械工业出版社，2007：1.

[7] 北京化工大学，天津科技大学合编. 塑料成型机械. 北京：中国轻工业出版社，2004：9.

[8] 耿孝正. 双螺杆挤出机及其应用. 北京：中国轻工业出版社，2003.

[9] 吴清鹤. 塑料挤出成型. 北京：化学工业出版社. 2009：10.

[10] 刘西文. 塑料成型设备. 北京：中国轻工业出版社，2010：1.

[11] 戚亚光，薛叙明. 高分子材料改性. 北京：化学工业出版社，2009：7.

[12] 周祥兴. 中外塑料改性助剂速查手册. 北京：机械工业出版社，2009：11.

参考文献